U0261178

能源知识绘

各尽所能

中国电机工程学会　浙江省电力学会　组编

中国电力出版社
CHINA ELECTRIC POWER PRESS

图书在版编目(CIP)数据

能源知识绘. 各尽所能 / 中国电机工程学会, 浙江省电力学会组编. - 北京 : 中国电力出版社, 2019.9(2022.9 重印)
ISBN 978-7-5198-3643-6

Ⅰ. ①能… Ⅱ. ①中… ②浙… Ⅲ. ①能源-普及读物 Ⅳ. ①TK01-49

中国版本图书馆CIP数据核字(2019)第183500号

策　　划　肖　兰　汪　敏
编　　著　刘大伟　严　浩　郭　亮　陈书贵　肖　兰　汪　敏
手　　绘　徐　力　张　晗　侯景书　林丹文　王梦瑶　汪　敏
图片监制　刘大伟
装帧设计　赵丽娟
排版制作　翟可君

出版发行　中国电力出版社
地　　址　北京市东城区北京站西街19号(邮政编码100005)
网　　址　http://www.cepp.sgcc.com.cn
责任编辑　曹　荣
责任校对　黄　蓓　李　楠
装帧设计　北京锐新智慧文化传媒有限责任公司
责任印制　钱兴根

印　　刷　北京雅昌艺术印刷有限公司
版　　次　2019 年9月第一版
印　　次　2022 年9月北京第二次印刷
开　　本　889 毫米×1194 毫米　16 开本
印　　张　3.75
字　　数　100 千字
定　　价　45.00 元

给你一把钥匙

在大自然中，能量随处可见：炽热的太阳发出光能、热能，河流的落差带来动能、势能，涌动的洋流蕴藏海流能、潮汐能……能量让地球生机勃勃，不断孕育繁衍新生命。

人类社会发展到今天，能源的话题比以往任何时候都更加引人关注，究其根本是人类自我生存的自然环境受到了前所未有的挑战。如何高效清洁地开发利用能源，以满足人类不断发展的需要；如何在环境日趋恶化的现实面前找到可循环再生利用的绿色能源，这些都是人类面临的严峻课题。

迄今为止，人类依然离不开煤、石油、天然气这些便利、有效的化石能源，也在不断探索可再生的风能、水能、太阳能、地热能、生物质能……无论可再生能源还是不可再生能源，都可以转换成经济、实用、清洁且容易控制和转换的电能。

电能给人类带来光明，给社会带来动力。有了电能，声音可以高低转换，画面可以被分享至千里之外，飞架南北、横贯东西的电网可以将电能源源不断地输送到各个角落，让电动机车疾驰，让城市霓虹闪烁……如果说蒸汽机被视为引爆工业革命的火花，那么电能就是推进现代人类社会文明发展的强大引擎。

《能源知识绘》丛书共有6个分册，分别为《万家灯火》《大显身手》《电从哪里来》《传统能源》《可再生一族》和《各尽所能》。本书为《各尽所能》分册，共包括5个知识单元，介绍了各种能量以及能量传递、能量守恒和能量转换等知识；阐述了核裂变能和核聚变能的研究和应用；揭秘了页岩气、可燃冰、氢燃料等新能源的开发和利用；探讨了储存能源的材料、技术等成果。作为《能源知识绘》丛书的总结，本书还简要梳理了能源发展的历史轨迹。

今天的人类离不开能源，未来人类对能源的利用将不断发展。知识没有空间和时间的边界，好奇是求知的本能和动力。启发和陪伴读者领悟科学的真谛、感受技术发展的魅力是编写本书的初衷。亲爱的读者，如果你想探索能源的奥秘，打开未知世界的知识宝库，《能源知识绘》便是这样一把钥匙。

《能源知识绘》编委会

目录

能量种种

“能量”的概念最早来自17世纪德国数学家莱布尼茨（Gottfried Wilhelm Leibniz）提出的“活力”想法，直到1850年能量守恒定律被确认，人类才认识到它的重要意义和实用价值。作为物质运动转换的量度，“能量”简称“能”，它以不同的形式存在着。大自然中万物生长和赖以生存的“源动力”正是不同能量之间通过物理效应或化学反应相互转化而来的。

能量无处不在：既有来自大自然的，也有来自物质运动的，还有来自人体本身的……人类能够认知能量的形态、探究能量的奥秘、感受能量的无穷魅力。

机械能

物理学通常把一个物体相对于另外一个物体的位置发生变化叫机械运动，而把与物体运动和位置相关的能量称为机械能。由于机械运动的形式有很多：直线运动和曲线运动、在同一平面上的运动和不同平面上的运动、运动得快的和运动得慢等，因此所产生的能量是不同的。就像一个高山滑雪者从山上飞速滑下的过程中，与位置相关的能量，随着水平面（海拔）降低而减少；与运动相关的能量，随着速度加快而增大，前一种能量叫势能，后一种叫动能。

飞速下滑的滑雪者

速度和能量

物体动能的能量除了与质量有关外，还与速度有关。准确地说，在物体质量不变的情况下，速度是影响能量大小的因素之一。以步枪射击为例：子弹在机械运动中产生了动能，质量越大，子弹对目标所造成的破坏力就越大。但在对目标的打击过程中，当子弹质量相同时，动能的大小与子弹出枪膛时的速度密切相关，速度越快动能越大，破坏力也越强。

■ 子弹击穿目标的瞬间

势能

势能是储存于一个系统内的能量，可以释放也可以转化成其他形式，一个物体被举高就会具有重力势能。当人们惊异于巨大的过山车在轨道上飞速翻转，一定会联想到其能量来自何处？其实这个能量主要是由重力势能带来的。物体重力势能的大小取决于物体的质量及其与地面的相对位置。可以看出：物体质量越大、所在位置越高、做功本领越大，物体具有的重力势能就越大。

■ 翻转飞驰的过山车

移动中物体的动能

移动的物体都有动能，且会在移动中形成能量的转化，但所产生的能量是不一样的。在激烈的赛车比赛中，赛车从启动到高速行驶，再到停止，运动的动能始终处于不断的变化当中：当速度增加时，赛车的动能同时增加；即使是在赛车冲过终点的一瞬，巨大的惯性依旧形成强劲的力量，推动着赛车继续向前，直到动能耗尽才会停止。

■ 赛道中疾驰的赛车

地球引力

重力是物体由于地球的吸引而受到的力，也叫地球引力。这一引力犹如一块大的磁铁，让地球上的万物被吸附在地球的表面，甚至阻止大气层飘向太空。当一个个滑雪者在地球上滑雪，无论在空中做着怎样的花样动作，最终总是要从空中降落到地面。物理学家发现，每个滑雪者在任何一个位置的重力势能，都等于他所受重力和他所处高度的乘积。

重力作用下的运动轨迹

拉满弓时的瞬间

上紧的闹钟弹簧发条

发生形变时弹簧发条具有了势能

弹性势能

当射箭运动员拉满弓弦、当钟表里的发条上满之时，常被称为“蓄势待发”。“蓄势”就意味着能量的蕴藏，它们的能量来自何处？当箭与表针分别在巨大能量的推动下飞出和转动时，能量就是由弹力做功转化而来的。弹力分别来自拉弯了的弓和卷紧了的发条。一旦弯弓与发条都发生弹性形变时就具有了势能，这种势能就叫作弹性势能。

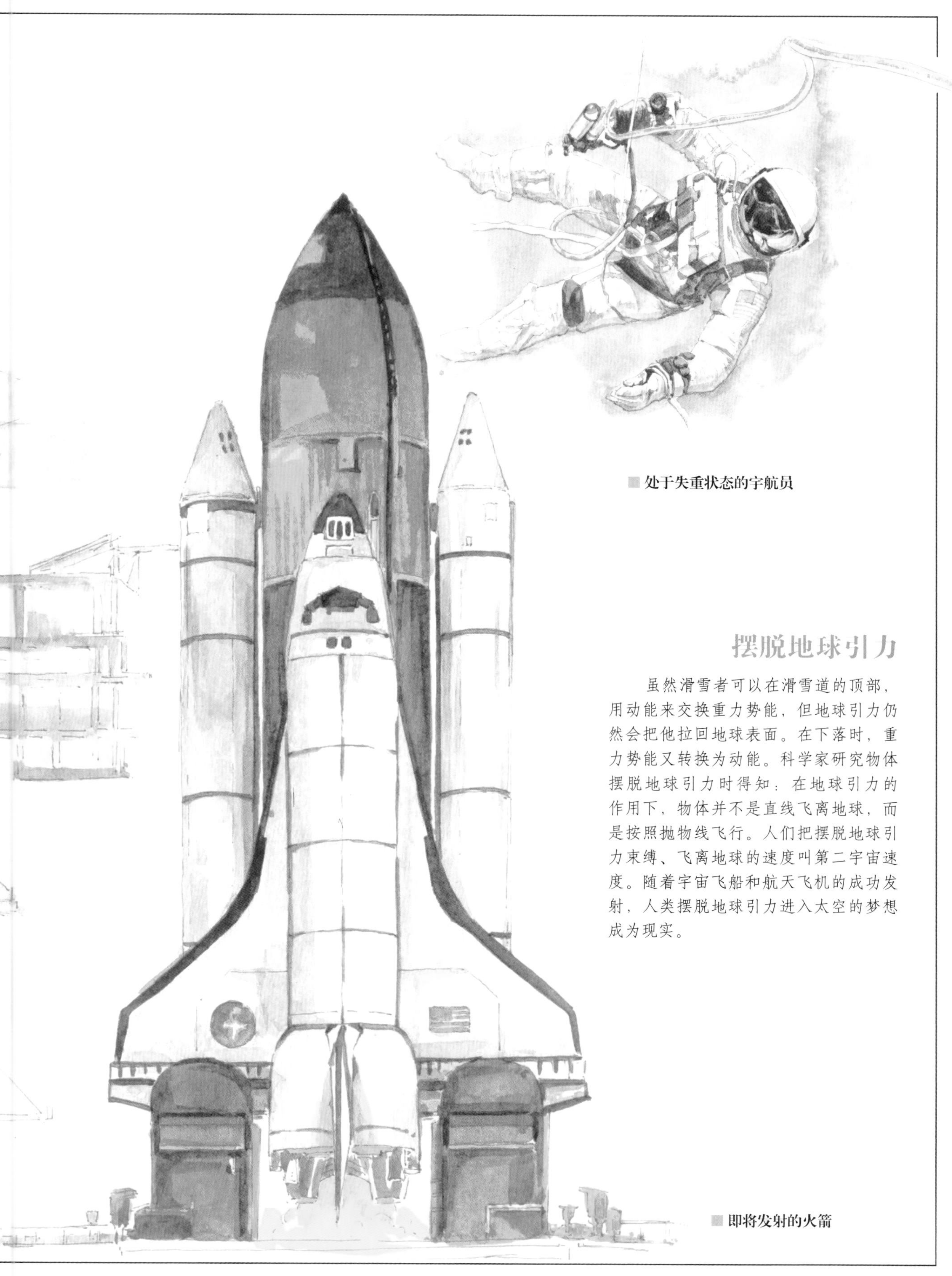

处于失重状态的宇航员

摆脱地球引力

虽然滑雪者可以在滑雪道的顶部，用动能来交换重力势能，但地球引力仍然会把他拉回地球表面。在下落时，重力势能又转换为动能。科学家研究物体摆脱地球引力时得知：在地球引力的作用下，物体并不是直线飞离地球，而是按照抛物线飞行。人们把摆脱地球引力束缚、飞离地球的速度叫第二宇宙速度。随着宇宙飞船和航天飞机的成功发射，人类摆脱地球引力进入太空的梦想成为现实。

即将发射的火箭

光的能量

光本质上是一种处于特定频段的光子流。光源发出光是因为光源中电子获得了额外的能量。光不仅来自太阳。每当夜幕降临，夜空中舞动着的萤火虫、深山中燃亮的篝火、不夜城中五光十色的霓虹灯和川流不息的汽车发出的灯光……这些发光物体都是光的生产者。光能是光子运动对应的能量形式，它能够转换成热能、电能等其他形式的能。

■ 阳光赋予万物能量

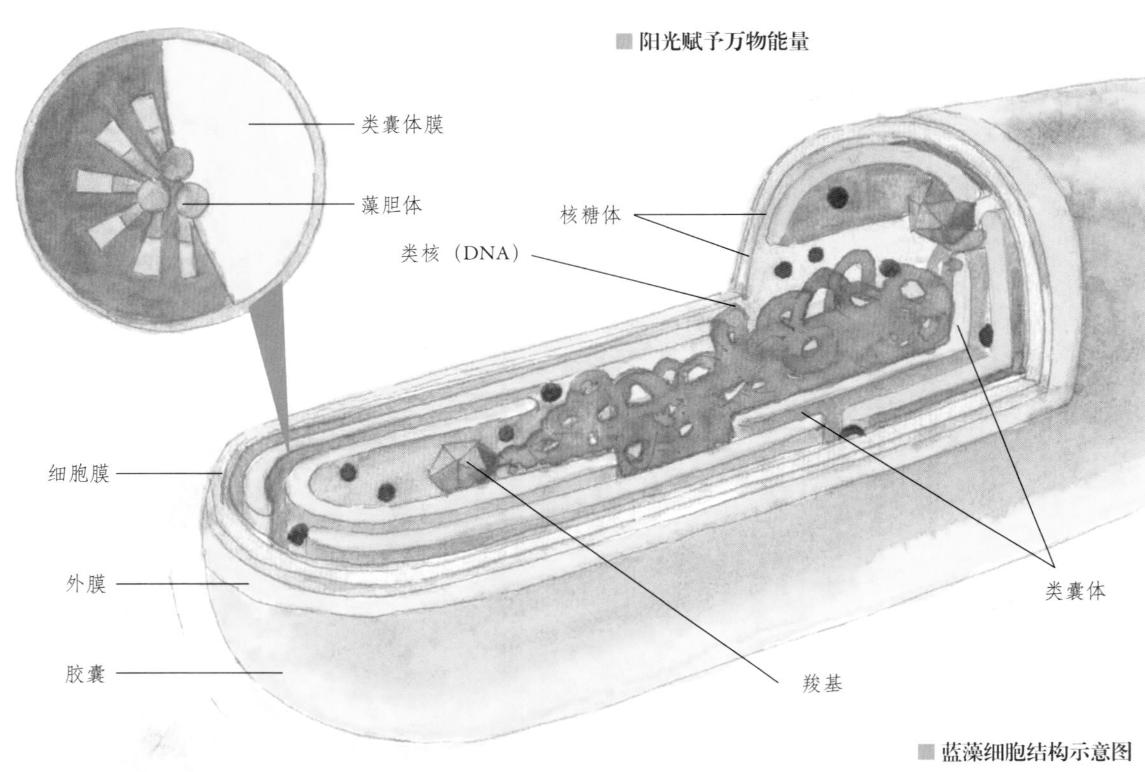

■ 蓝藻细胞结构示意图

蓝藻放氧

与成片的森林一样，微小的蓝藻所释放的能量同样不可小觑。作为能进行产氧性光合作用的大型单细胞原核生物，蓝藻以二氧化碳为原料，利用阳光供给能量，并以这种方式在地球上生存了30多亿年。要知道，蓝藻没有叶绿体，而是靠各种光合色素附着在细胞质的类囊体上，形成含有色素的膜性结构来进行光合作用的。作为最早的光合放氧生物，对地球表面从无氧的大气环境变为有氧环境起了巨大的作用。

森林供氧

氧气赋予万物生存所需的能量，它是生命进行新陈代谢的关键物质，是生命活动的第一需要。大自然中的绿色森林被称为“制氧工厂”。通过光合作用，森林在白天释放出大量负氧离子和对人体有益的挥发性有机物，在不断吸收二氧化碳的同时向空气中释放洁净的氧气。据科学家统计，10米^{2}的树林就能把一个人呼吸的二氧化碳全部吸收，并释放氧气。森林还能调节气候、净化空气、减缓全球变暖速度。

■ 光合作用下的森林供氧

白热和白光

受热燃烧的物体随温度的升高会发出可见光。通常情况下，物体受热达到发白光的状态叫白热。随着温度的升高，物体首先开始发出波长较长的红色、黄色可见光，大约达到500～1200摄氏度时由红热转为白热。当达到1200～1500摄氏度时开始呈耀眼的白光。当温度降低时，处于白热状态的物体就会由白热转为红热。由美国发明家爱迪生（Thomas Alva Edison）发明的白炽灯就是最早的白热灯。

■ 木炭燃烧时的红热与白热

能量的传递

能量的传递是分子通过碰撞进行的能量传递、转移或交换的一种现象。实验证明，物质能量传递的大小与物质的质量和波动的频率成正比。物质能量传递的大小与物质的质量和波动的频率成正比。物质的质量越大、频率越高，所传递的能量就越大。在能量传递时，物质的高能量通常总是主动地向同种低能量物质传递，低能量物质只能被动吸收同种高能量。

加热中的热能传递

化学能

化学能是储存在物质当中的能量，因此它是一种很隐蔽的能量，一般不能直接用来做功，只有在发生化学变化的时候才释放出来，变成热能或其他形式的能量。石油和煤的燃烧、炸药爆炸，以及人们吃的食物在体内发生化学变化时所释放的能量都属于化学能。化学能的产生是化学反应中原子最外层电子运动状态的改变和原子能级变化的结果。

焰火能量的释放

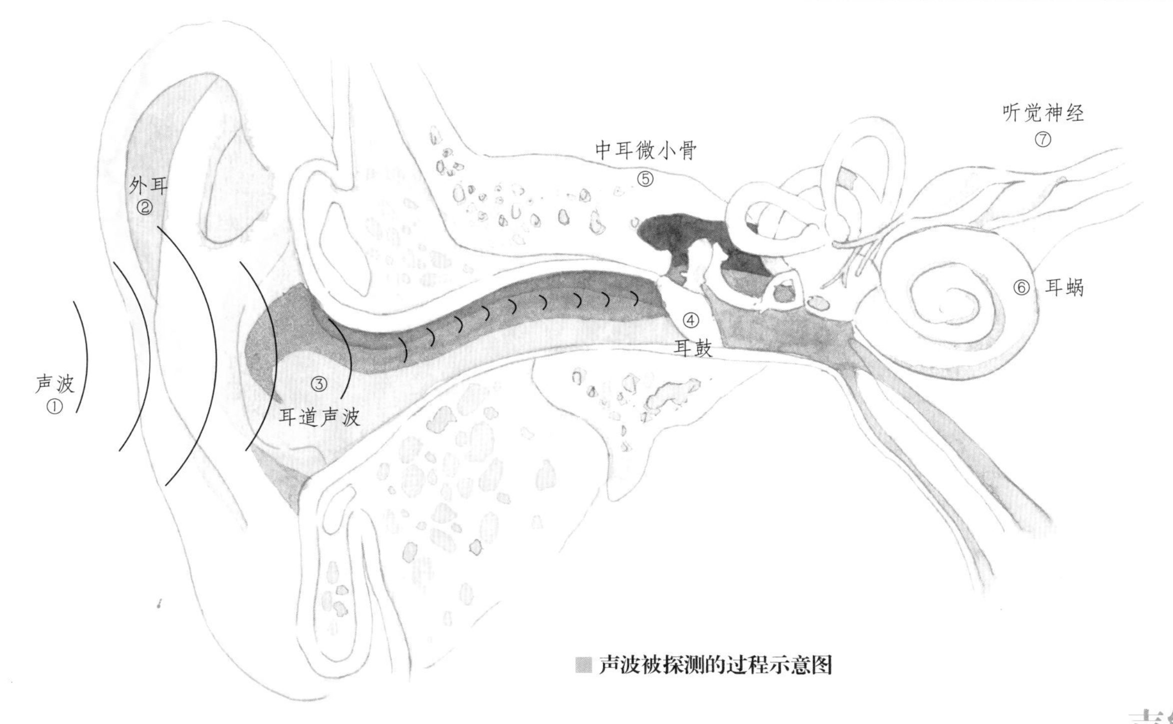

声波被探测的过程示意图

声能

所有振动的波形都有能量，声音也具有能量。当物质发生振动后，这种能量通过媒介传播并以波的形式存在。超声波是振动频率高于2万赫兹的声波。超声波的方向性好、穿透力强，在水中传播距离远，可用于测距、测速、清洗、焊接、碎石、杀菌消毒等，广泛应用于医学、军事和工农业等方面。人类还研究出了在水中探测距离和物体的声呐技术。将声能转换为电能是一种新型发电技术，这种技术可以有效降低环境中的噪声，变噪声污染为有效资源加以利用。

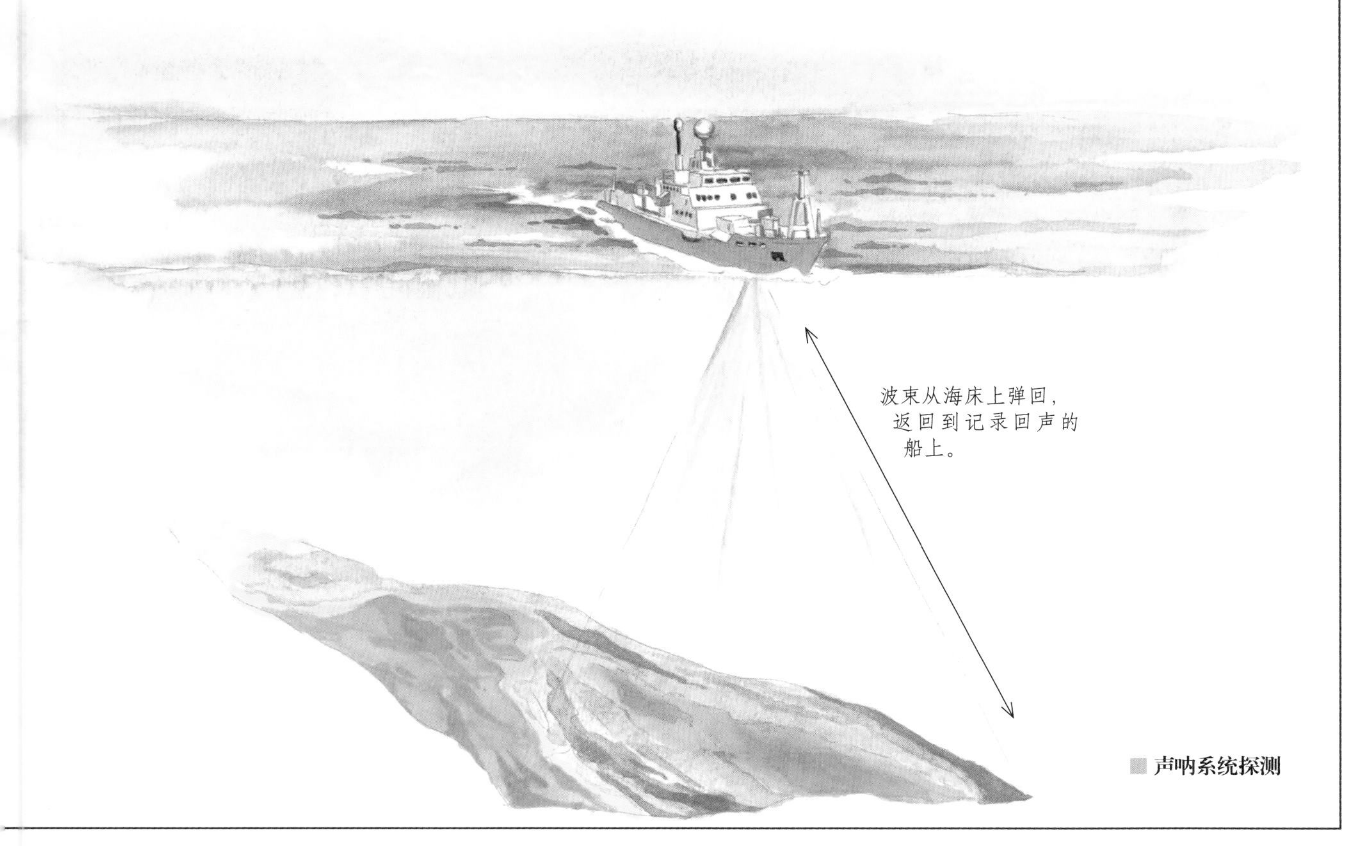

声呐系统探测

水能

水是人类和自然万物的生命源泉，也是能量的载体。水给我们带来的是可再生的流动清洁能源。从维持人体正常代谢，到蕴含在大气中以雨雪、冰雹、霜露等形态出现从而影响气候和人类活动，可以说水能无处不在。水能容易被地形、气候等多方面因素所影响。丰富的水能资源不仅包括河流水能（常规水力发电站所指的水能），还包括潮汐能、波浪能、海流能等。

■ 水形成的冰雹

降水和地势

水之所以具有能量，与势能不无关系。从天而降的雨水、高低起伏的地势，都为水产生势能创造了有利条件。丰沛的大江大河、自然形成的高低落差为人们进行水力发电提供了最好的先决条件。

■ 水源充足且地势落差大的峡谷

风

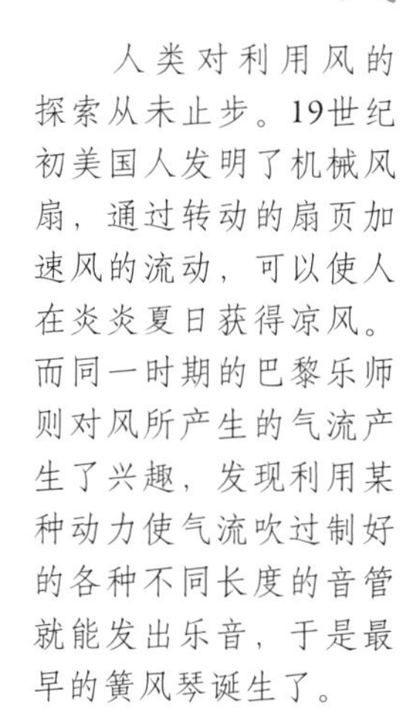

人类对利用风的探索从未止步。19世纪初美国人发明了机械风扇，通过转动的扇页加速风的流动，可以使人在炎炎夏日获得凉风。而同一时期的巴黎乐师则对风所产生的气流产生了兴趣，发现利用某种动力使气流吹过制好的各种不同长度的音管就能发出乐音，于是最早的簧风琴诞生了。

■ 利用空气气流吹响的风笛雕塑

■ 风将蒲公英的种子吹向远方

风的力量

从山谷吹过的微风到海上扬起的风暴，风总是不见其面，只闻其声。风的力量表现各异：既可以传播植物花粉、种子，帮助植物授粉和繁殖，也可以将空气中的氧气、二氧化碳等进行输送和交换，为农作物成长创造条件，还可以将春的温暖从一个地方传送到另一个地方，更可以吹落所有树叶，将树吹断连根拔起……

化石燃料的能量

化石燃料的能量给工业的大规模发展带来驱动力，当发电的时候，在燃烧化石燃料的过程中会产生化学能，从而推动汽轮机产生动力。现实生活里，化石燃料中的汽油、柴油是汽车行进中的主要燃料，所产生的动能驱动发动机气缸内的活塞往复运动，由此带动连在活塞上的连杆和与连杆相连的曲柄，围绕曲轴中心做往复的圆周运动而输出动力。化石燃料的使用也带来环境污染、全球变暖等问题。

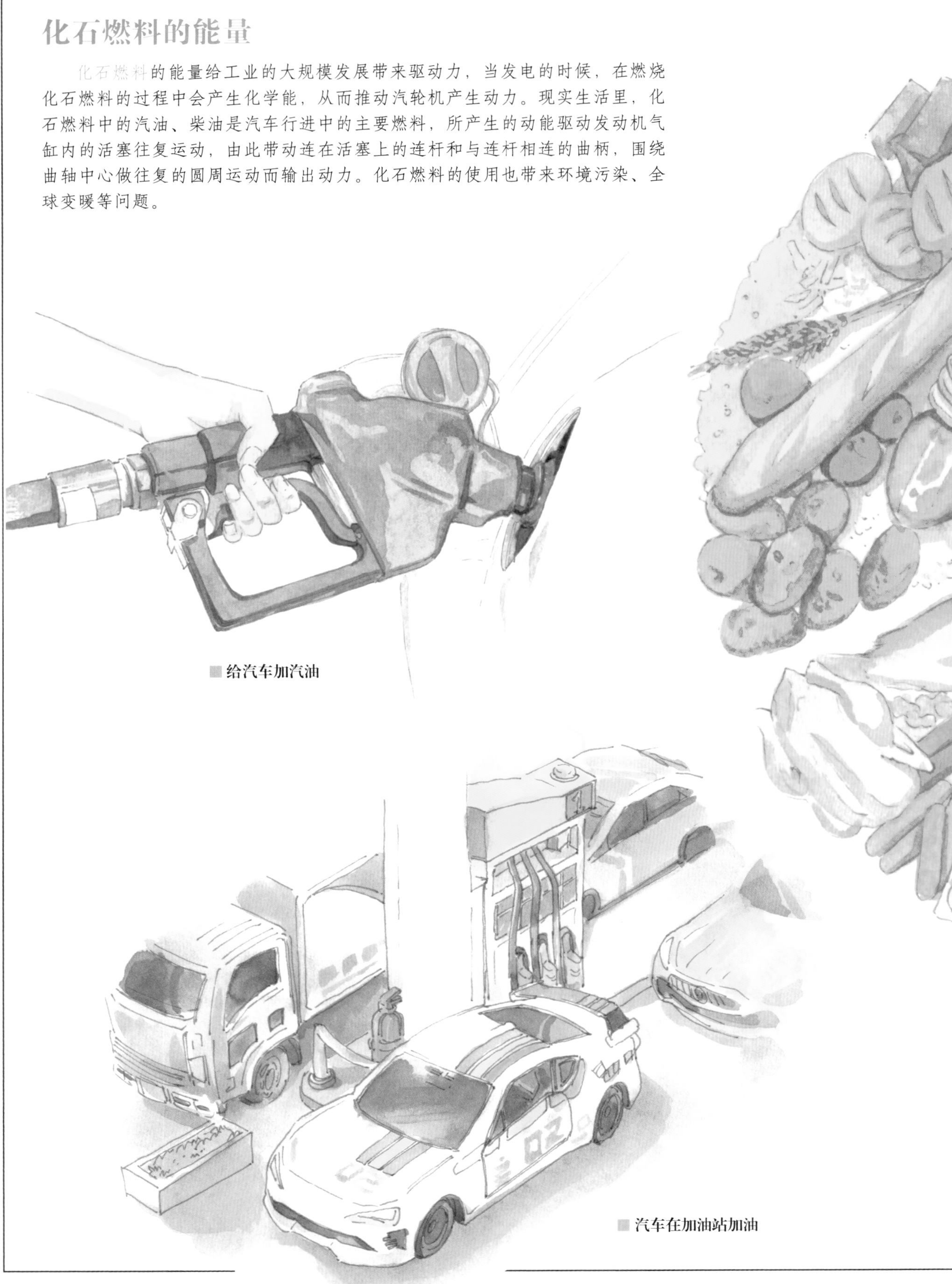

■ 给汽车加汽油

■ 汽车在加油站加油

食物和能量

食物是提供维持生命热量的重要来源。人体的能量主要来自食物中的碳水化合物、脂肪、蛋白质等。粮谷类和薯类食物含碳水化合物较多，油料作物富含脂肪，动物性食物含有更多的脂肪和蛋白质，大豆和硬果类含有丰富的油脂和蛋白质，蔬菜和水果一般含热量较低。食物的这些能量是由化学能转变而来的。膳食中大约总热量的70%来自碳水化合物，20%来自脂肪，10%来自蛋白质。

来自食物的能量

托马斯·杨

能量守恒

19世纪英国物理学家托马斯·杨（Thomas Young）在描述自然哲学时引入了“能量”这个词，随后能量守恒定律被确定，这是人类对自然科学规律认识逐步积累到一定程度的必然结果。能量既不会凭空产生，也不会凭空消失，只能从一个物体传递到另一个物体，且能量的形式可以互相转换，这就是能量守恒定律。它科学地阐明了运动不灭的观点，是自然科学最基本的定律之一。

太阳辐射

辐射能

辐射能是指电磁波中电场能量和磁场能量的总和，也称电磁波的能量。太阳以辐射形式不断向周围空间释放能量，这种能量也是辐射能。太阳辐射能的主要形式是光和热。绿色植物的光合作用、太阳能光伏发电、太阳能热水器等都是辐射能的应用。

质能方程

现代物理学的开创人和奠基者爱因斯坦（Albert Einstein）最突出的贡献之一就是建立了“质能方程”，公式为$E=mc^2$。这个方程描述了质量与能量之间的关系。爱因斯坦认为，物质的质量与能量是彼此互相联系、不可分割的，物体质量的改变会使能量发生相应的改变，反过来也一样。爱因斯坦的质能方程正确地解释了原子核发生核反应过程中质量和能量的转换关系：质量的损失表现为能量的释放。

爱因斯坦

磁场的能量

通过磁铁吸铁屑，人类能感受到磁场的作用力。磁力是场的相互作用，磁铁周围的铁屑显示出磁场的能量。磁铁吸铁屑，消耗了铁屑在磁场中的势能，也就是磁场能。磁场和电场一样，是物质的一种存在形式，携带着一定的能量，能量的大小与磁场的强度、磁感应强度及磁场分布的空间体积有关。1888年，赫兹（Heinrich Rudolf Hertz）的实验证实了电磁波的存在性，揭示出电磁能蕴含在电场和磁场之中，而不是简单地包含在场源内。

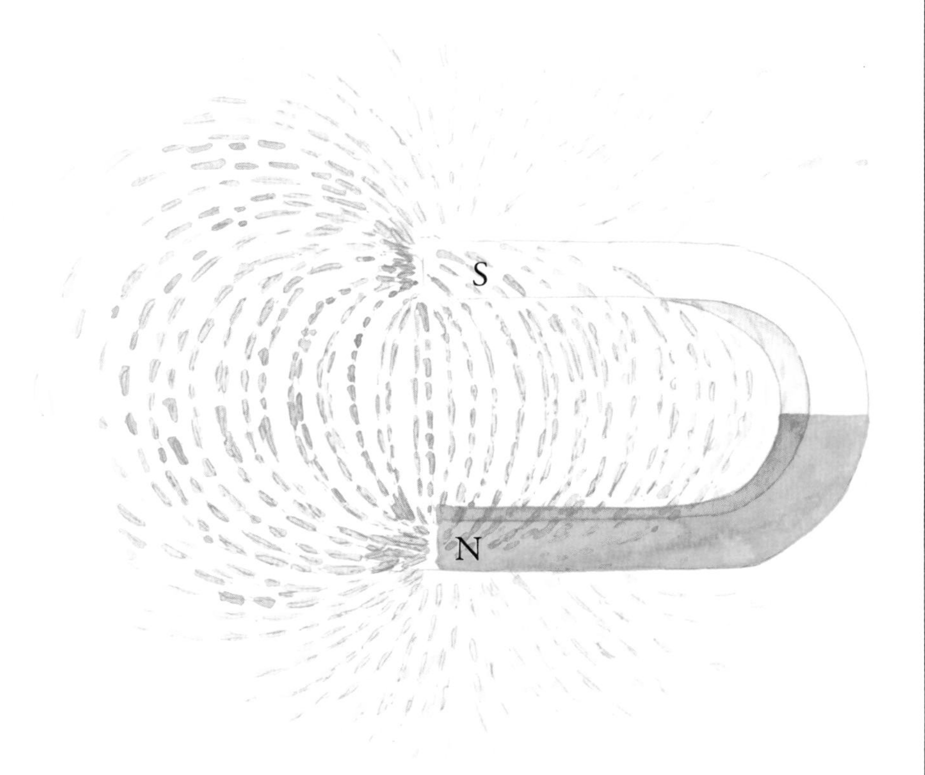

■ 磁场中的能量

■ 金属钠和水发生化合反应放热

能量的转化

尽管能量看不见摸不着，但在一定条件下，各种能量可以互相转化。例如，人们常见的物质的放热反应和吸热反应。通常情况下，由不稳定物质变为稳定物质的反应多为放热的，反之亦然。无论是放热反应还是吸热反应，都进行了能量的转化。

核能

科学家们很早就发现，绝大部分原子是稳定的，不会自发改变，但少数原子不稳定，能释放出能量，这些能量来自原子的核心部位，所以被科学家称为“核能”。

科学家们还发现，核能非常神秘，虽然它存在于宇宙最微小的颗粒中，但它一旦释放，威力却巨大无比。随着石油、煤炭等一次能源的储量日趋减少，人类开始将目光转到核能应用领域的开发上：核能中的核裂变和核聚变反应成为人类获得未来能源的重要手段，并在能源、交通、军事、航天等领域发挥出色的作用。

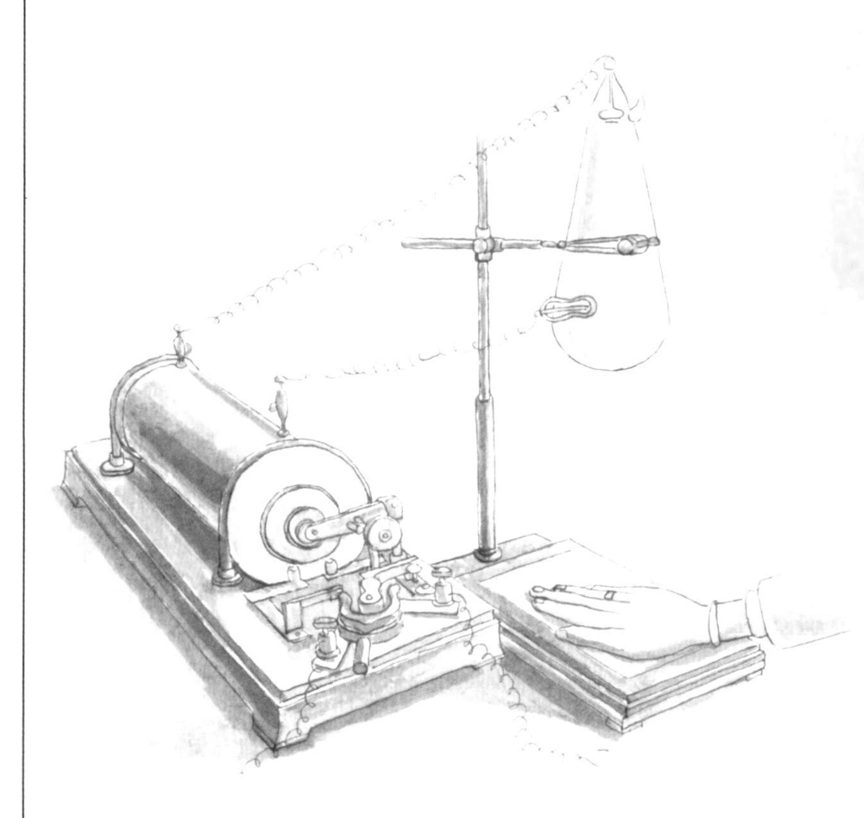

伦琴的试验设备和他妻子手部的X射线照片

伦琴射线

德国物理学家伦琴（Wihelm Röntgen）在1895年发现一种神秘的射线，他将其命名为X射线。X射线肉眼看不见，但能够透过墨纸、木料等不透明物质，这种射线可以使很多固体材料发出可见的荧光，也能让照相底片感光成像。这种射线又称“伦琴射线”，被广泛应用在医疗诊断等方面。

原子的内部

每个原子中央都有一个原子核，原子核由带正电荷的质子和不带电荷的中子构成。原子已经非常微小了，一枚硬币几乎是一个原子大小的1.73亿倍，但还有更小的颗粒围绕原子核旋转，这种带有负电荷的颗粒叫电子。原子核包含了许多带正电荷的质子，它们同性，所以互相排斥。原子核有一种对抗排斥力让中子与质子紧密结合的凝聚力，叫“核力”。将原子核分裂成两部分并释放出核能的过程，就是“核裂变”。

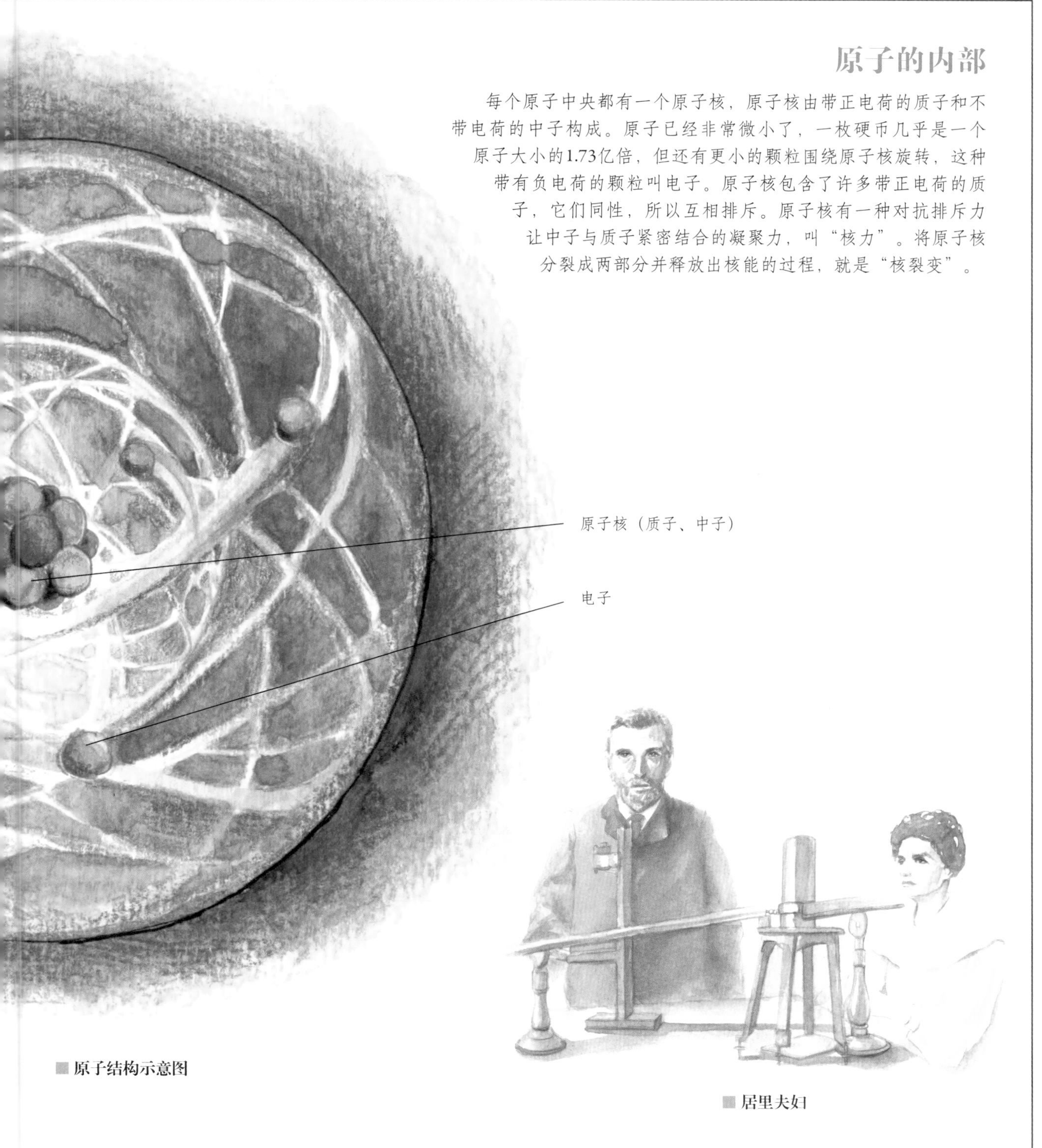

■ 原子结构示意图

■ 居里夫妇

居里夫人的贡献

法国著名波兰裔女科学家玛丽·居里（Marie Curie）和她的丈夫皮埃尔·居里（Pierre Curie），以及法国科学家贝克勒尔（Henri Becquerel）发现放射性后，开始研究放射性物质。这三位科学家因此在1903年共同获得诺贝尔物理学奖。1911年，居里夫人因发现元素钋和镭，再度获得诺贝尔化学奖。居里夫人开创了放射性理论，发明了分离放射性同位素技术。在她的指导下，人们将放射性同位素技术运用于癌症的治疗。

奥托·哈恩和核裂变

德国放射化学家和物理学家奥托·哈恩（Otto Hahn）一生中的最大贡献，是在1938年发现了核裂变现象。核裂变是一个原子核分裂成几个原子核的变化，原子核在吸收1个中子以后会分裂成2个或更多个质量较小的原子核，同时放出2～3个中子，再导致别的原子核继续核裂变，整个过程被称为链式核反应。原子核发生核裂变时释放能量巨大的核能，这一现象的发现拉开了核能利用的序幕。

奥托·哈恩和他的合作者

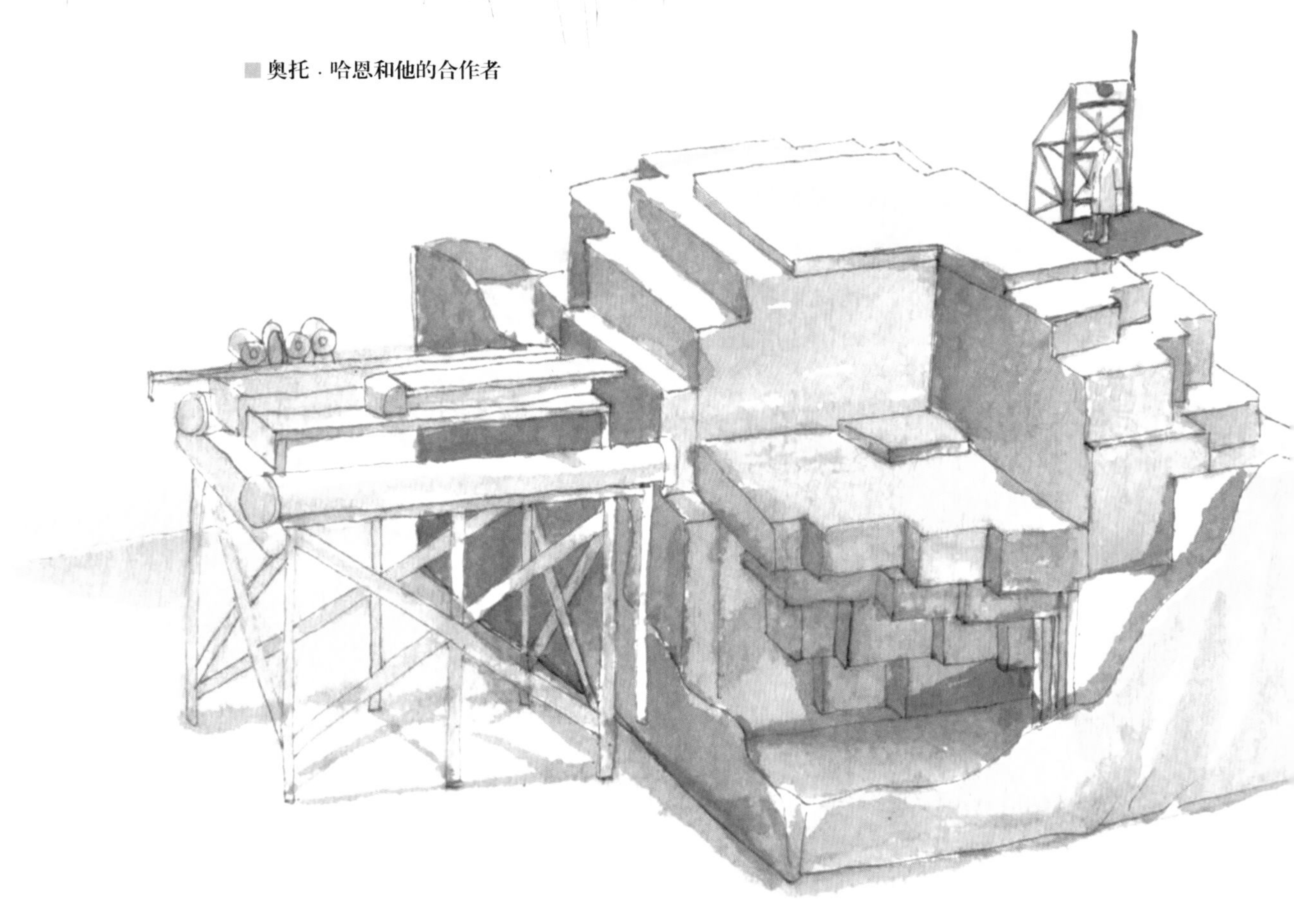

费米核反应堆模型

费米和核反应堆

1942年12月2日，在美国芝加哥大学，由美籍意大利著名物理学家费米（Enrico Fermi）指导和设计，进行了第一次可控的链式核反应，维持和控制核裂变链式反应从而实现核能—热能转换的那套装置称为核反应堆。一个标准的核反应堆由堆芯、冷却系统、慢化系统、反射层、控制与保护系统、屏蔽系统、辐射监测系统等组成。费米主导建成了人类第一台可控核反应堆——芝加哥一号堆，从此，世界进入核能利用的新纪元。

广岛核爆炸

利用链式核反应在瞬间释放巨大能量来产生爆炸达到杀伤敌人目标的武器，就是具有大规模毁伤和破坏效应的核武器。第一代核武器属于核裂变反应，叫原子弹；第二代属于核聚变，叫氢弹。第二次世界大战末期，太平洋战场战事异常惨烈，美军在塞班岛、硫磺岛和冲绳岛战役中付出了极其沉重的代价，最终于1945年8月向日本广岛和长崎投掷原子弹，迫使日本无条件投降。这是人类第一次使用核武器，造成了人员伤亡惨重、城市损毁殆尽的结果。

核爆炸后的一片废墟

第一座核电站

世界上第一座核电站——奥布宁斯克核电站于1954年6月27日在苏联建成。该核电站的装机容量为5000千瓦，其反应堆被命名为“和平原子能”。奥布宁斯克核电站的建设和运行是人类和平利用核能的标志。2002年，俄罗斯正式关闭了这座已安全运行了近50年的核电站。如今这座核电站已成为奥布宁斯克科学城的科技博物馆。

奥布宁斯克核电站监控室

铀和铀矿

铀是一种稀有金属。它于1789年由德国化学家克拉普罗特（Martin Heinrich Klaproth）从沥青铀矿中分离出来，1896年被发现具有放射性衰变，1939年被发现具有核裂变现象。铀家族有3个天然同位素：铀－234、铀－235和铀－238。其中，铀－235是地球上唯一天然存在的能够裂变的同位素，是核电站的主要燃料。铀分布在岩石中，叫铀矿石，铀元素分布广泛，但铀矿床分布却非常有限。铀矿的开采分为露天开采、地下开采和化学开采（地浸法）。

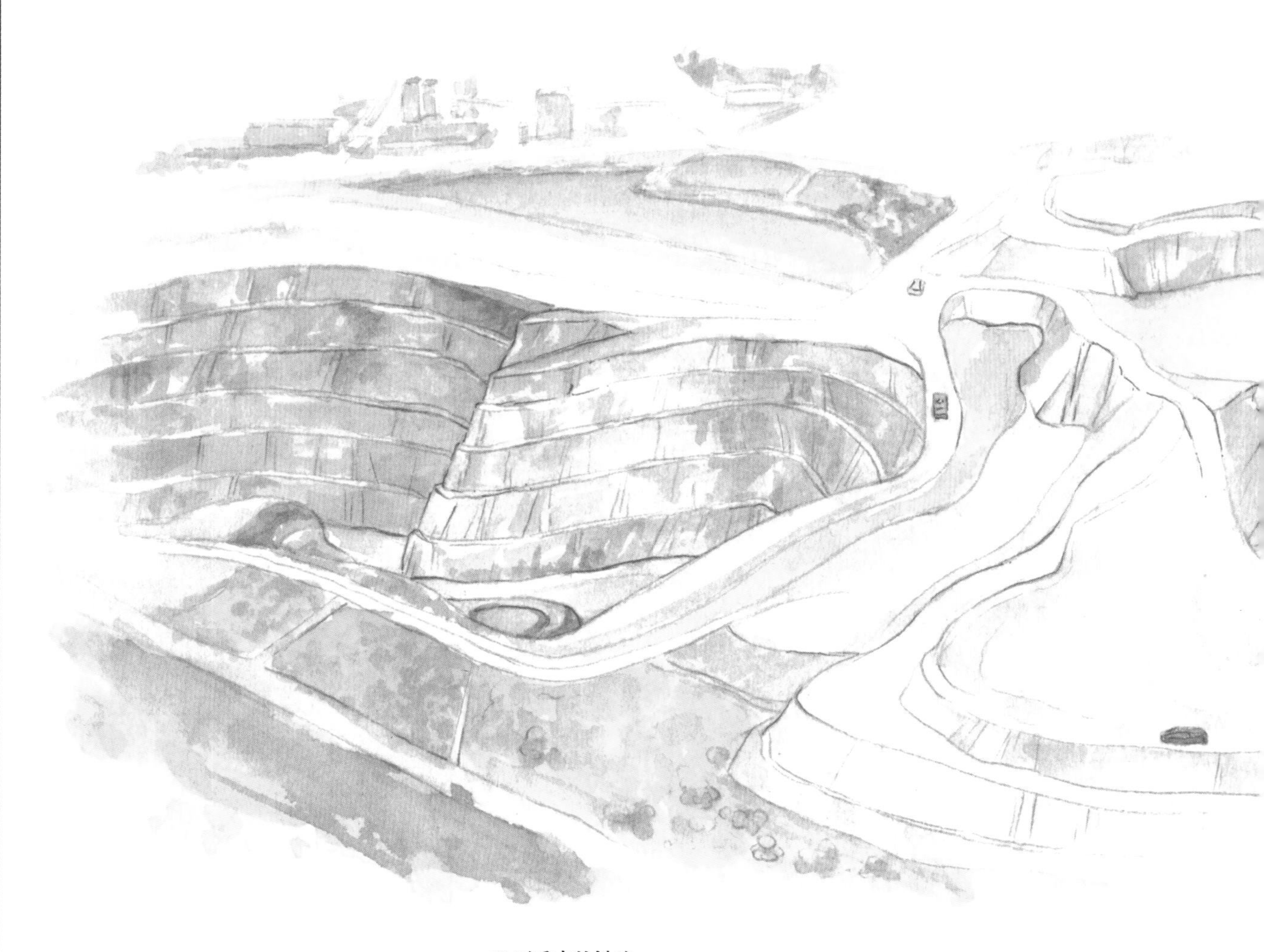

开采中的铀矿

浓缩铀

铀－235在天然铀资源中的含量仅有0.711%，铀－234更少，只有0.006%，其余99.2%都是铀－238。化学元素在一定自然体中的相对平均含量使用“丰度”来表示，丰度为3%的铀－235属于核电站发电用低浓缩铀，丰度大于80%的铀为高浓缩铀，当丰度大于90%时就属于武器级高浓缩铀。铀的获得需要非常复杂的系列工艺，要经过探矿、开矿、选矿、浸矿、炼矿、精炼等流程，而同位素分离是提炼浓缩铀的关键技术，通常获得1千克武器级铀－235需要20万千克的铀矿石。

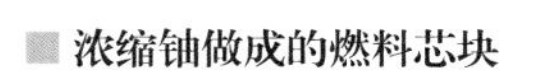

浓缩铀做成的燃料芯块

燃料棒和燃料组件

铀矿石碾成粉末经过一系列分离、精炼流程后，烧结成圆柱体二氧化铀陶瓷燃料芯块。几百个芯块叠在一起装入锆合金材料套管内，这个套管被称为燃料棒。200～300根燃料棒加上数量大致相同的控制棒组成一个燃料组件。一个完整的燃料组件可以为核反应堆提供核燃料。

■ 重水反应堆及燃料棒

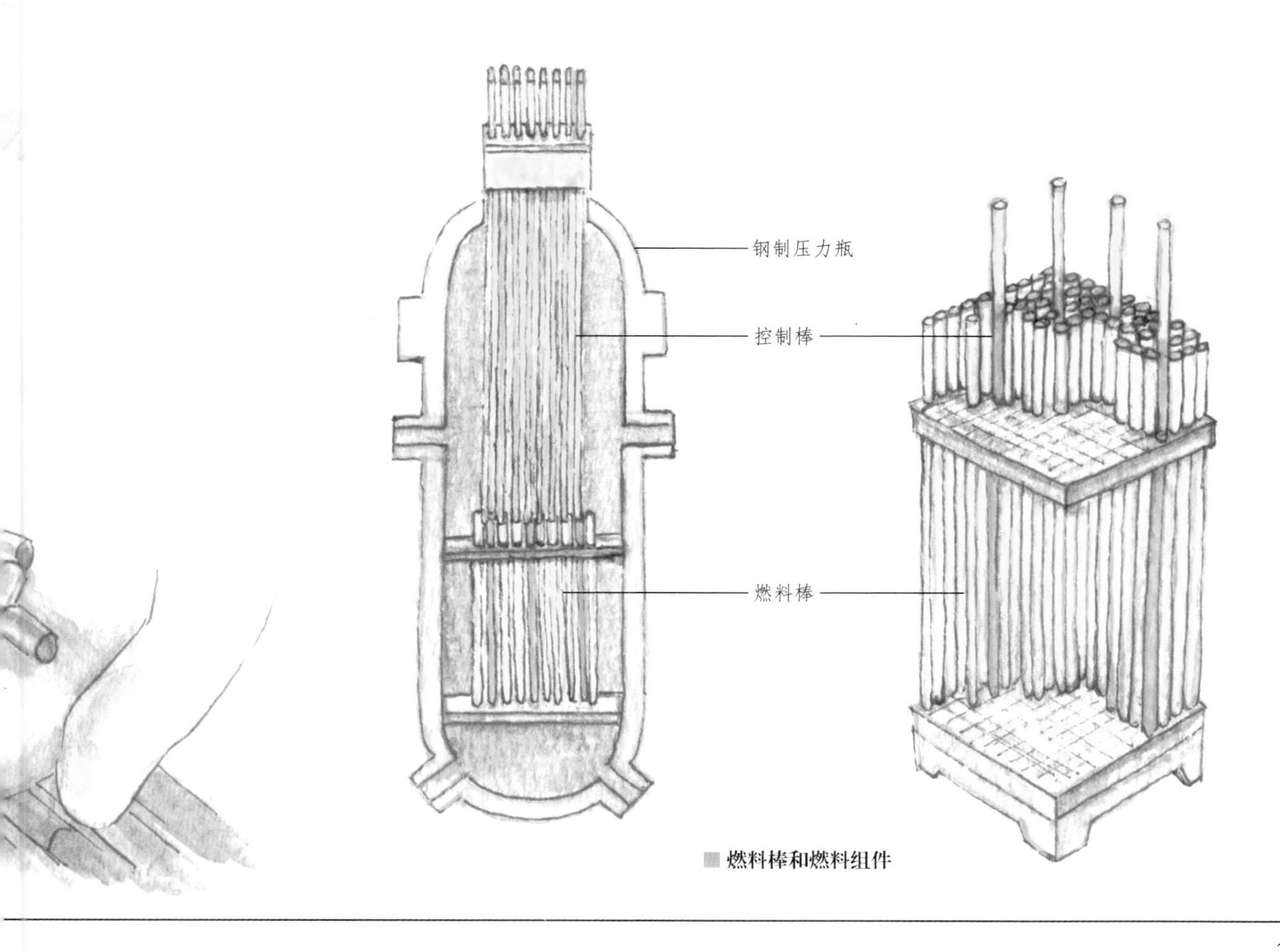

■ 燃料棒和燃料组件

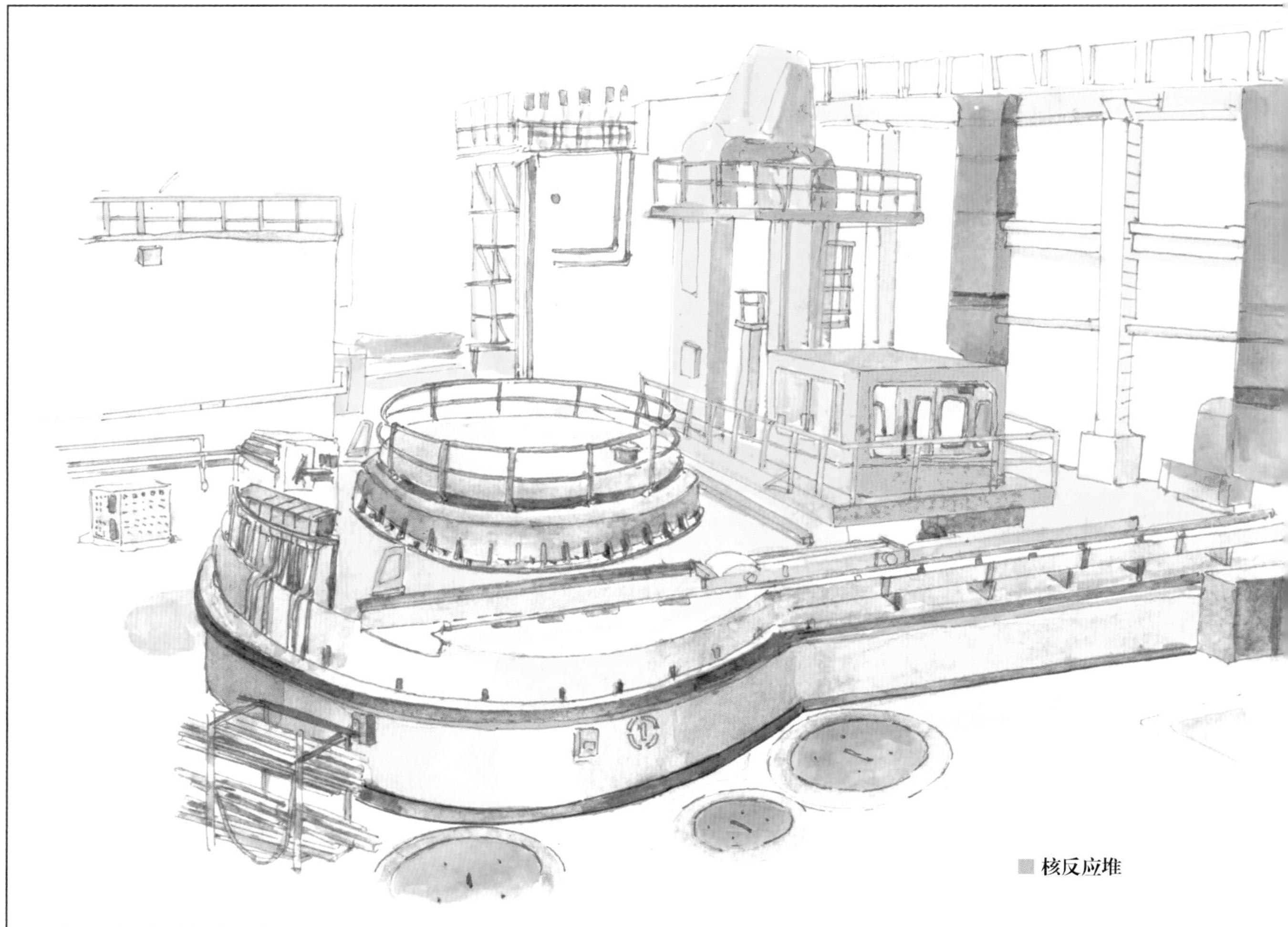

核反应堆

核反应堆的作用

燃料组件插入核反应堆之后，铀原子核进行链式核反应，裂变释放中子和核能，控制棒自动调控，吸收多余的中子，一次核裂变产生的中子只有一个参与下次裂变过程。各种类型反应堆都是将巨大的核能转换成热能，一个压水反应堆的压力容器内部高达150个大气压，水温达到350摄氏度。接下来的发电过程和火电厂一样，热能经过热交换，再驱动发电机转换为电能，因此可以说，反应堆就是核电厂的锅炉。

核能的优势

核能和其他能源相比有明显的优势：第一是节约资源，核能电厂所使用的燃料体积小，一座100万千瓦的核电站一年只需3万千克铀，而同等级别的火电厂需要30亿千克煤。第二是成本优势，核电站建造成本较高，但发电成本远低于燃煤发电，再考虑核电站的设计寿命普遍高于煤电和气电20%，核能的综合成本具有优势。第三是低碳环保，因为核能不会产生加重地球温室效应的二氧化碳。

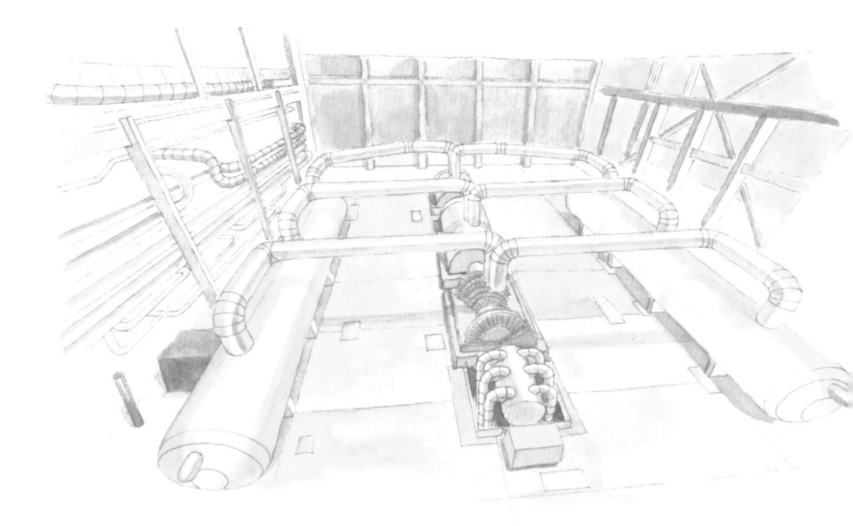

核电站的汽轮发电机组

核电站

核电站常规岛的系统和设备与普通火电厂没有区别，区别在另外一部分：核的系统和设备，这部分又叫核岛。从1954年苏联建成全球首个核电站算起，核电站已经发展到三代了，正在向第四代努力。到2017年底，全球有448座反应堆在运行。2017年4台机组新投运，5台机组永久关闭，全年全球核电机组发电量约2.5万亿千瓦·时，向全球提供了8%的电能。

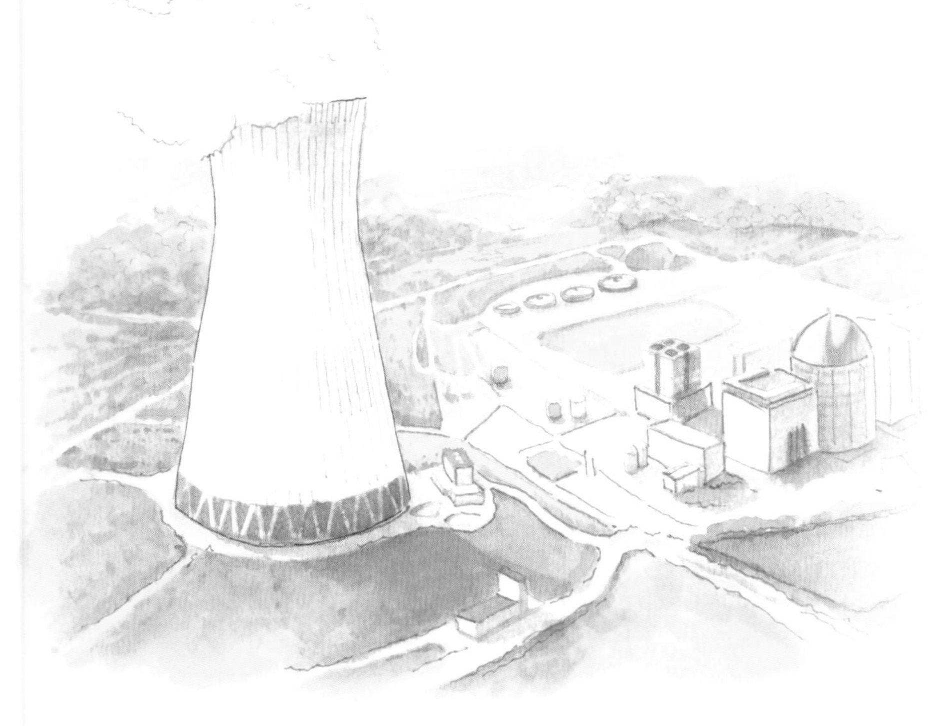

核电站外貌

核电站中的水

水在反应堆里有两个重要的作用，一个是使中子减速，除了用镉或硼制作的控制棒，可以控制中子速度的还有重水。和轻水（普通水）不同，重水的一个分子是由两个重氢（氘）原子和一个氧原子组成的。水的另一个作用是把热量带出来，反应堆里除了有燃料组件外还有热转换器，它把水变成水蒸气供给汽轮机运转再带动发电机发电。汽轮机用过的水蒸气经过冷凝后，仍然可以返回热转换器再循环使用。核电站中的冷却水不会和经过堆芯的传热介质直接接触，因此不会带有放射性。

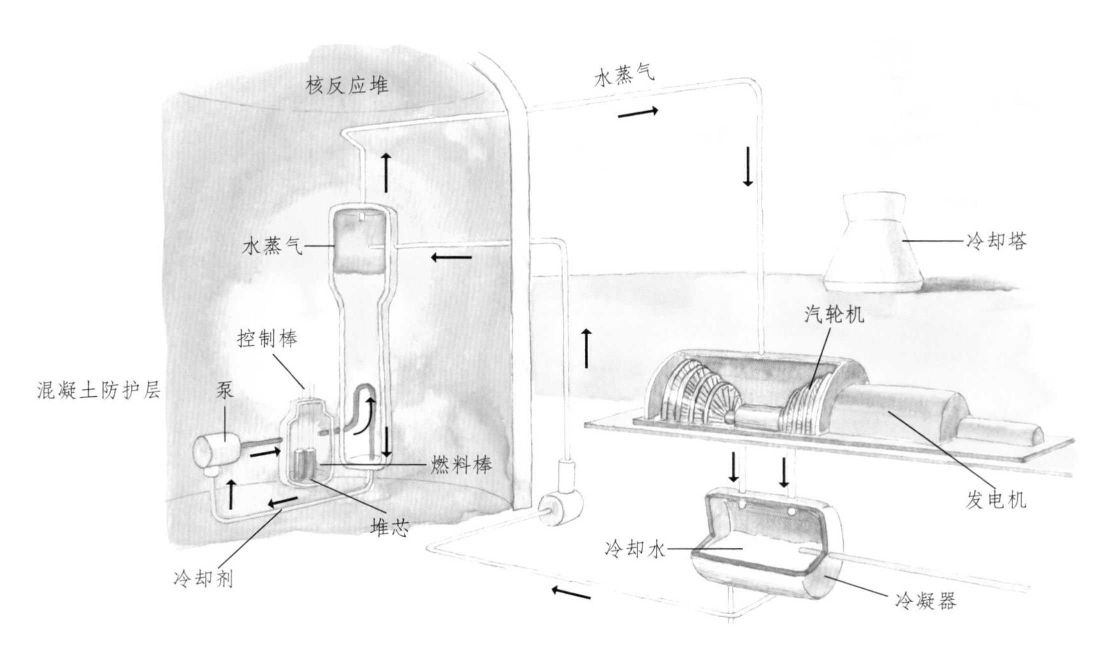

核电站结构及工作原理示意图

大亚湾核电站

大亚湾核电站主体工程于1987年8月7日开工，1994年5月6日全面建成，它是我国大陆首座大型商用核电站，拥有两台装机容量为98.4万千瓦的压水堆核电机组，年发电能力近150亿千瓦·时。截至2019年7月，大亚湾核电站累计上网电量超过3500亿千瓦·时，与同等规模的燃煤电厂相比，已累计减少消耗标准煤约2.24亿吨，减少向环境排放二氧化碳约6.15亿吨，相当于种植了约164.56万公顷森林，约等于8个深圳市的面积或1个北京市的面积。大亚湾核电站所生产的电力约80%输往香港，约占香港社会用电总量的四分之一，其余约20%输送南方电网。

风景如画的大亚湾核电站

核安全

核安全是指对核设施、核活动、核材料和放射性物质采取的必要和充分的监控、保护、预防和缓解等安全措施，防止由于任何技术原因、人为原因或自然灾害造成事故发生，并最大限度减少事故情况下的放射性后果，从而保护工作人员、公众、环境免受不当辐射危害。

日本福岛核泄漏事故现场

核废料的处置

核电站中经过辐射照射、使用过的核燃料称为乏燃料。乏燃料要储存在乏燃料水池中至少5年时间，再做乏燃料后处理，然后经过30～50年地面存储，最终移送地质处置。对固体燃料要做焚烧、灰化、压缩、过滤等处理，送往国家低放射性固体废物处置场。对废水要进行收集、储存和处理，工艺废水需要过滤、离子交换、蒸发，洗涤废水经过蒸发浓缩后固化装桶放入核电厂废物库。对废气要经过压缩、除湿、衰变、过滤处理，安全监测合格后才能排入大气。

■ 核废料场

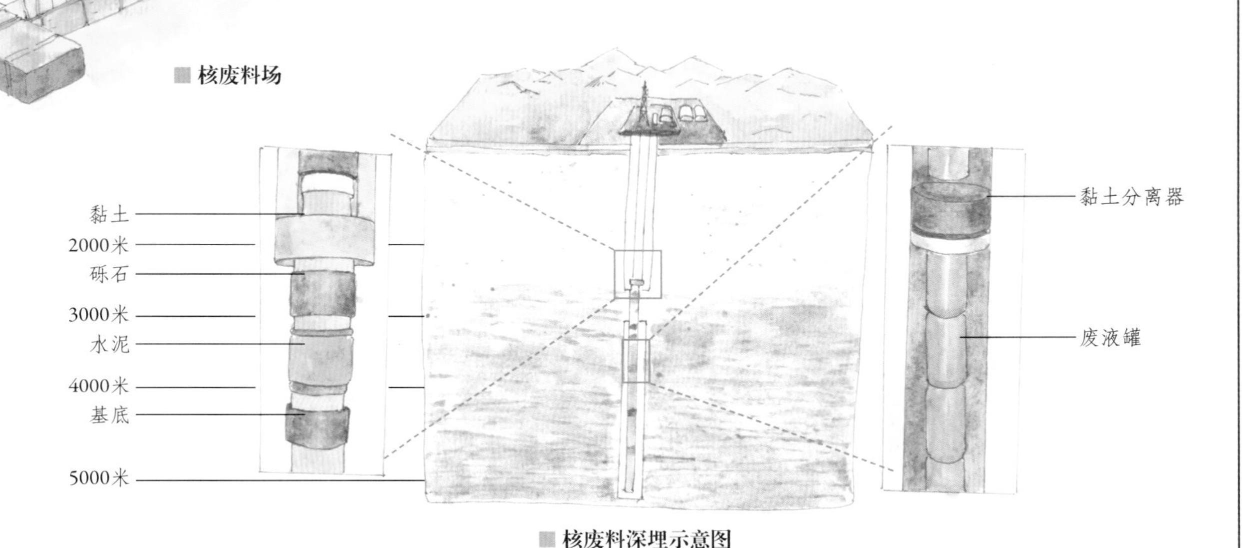

■ 核废料深埋示意图

核医学

除了发电以外，核能也有其他一些使用价值，比如核医学就是利用核技术来研究、诊断和治疗疾病的一门新兴科学。近年来，核医学和计算机断层扫描（CT）、核磁共振、超声技术等相互配合、补充使用，大大地帮助了医师对疾病的诊断和治疗。

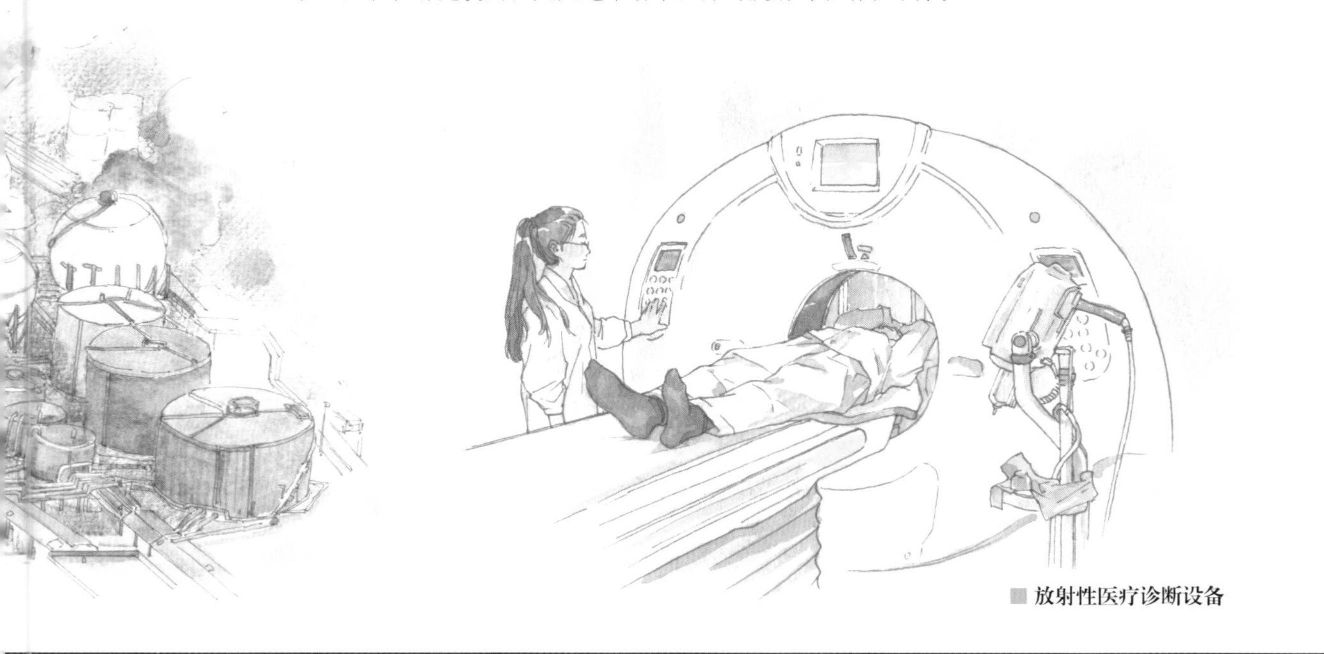

■ 放射性医疗诊断设备

核聚变的能量

恒星的光、热以及其他形式的能量都来源于核聚变。与核裂变原理相反，核聚变的原理是原子核在一定条件下（如超高温和高压）互相聚合产生聚变反应，生成新的质量更重的原子核，并伴随有巨大的能量释放。同核裂变相比，核聚变释放的能量更大，是未来能量的来源。由于没有核废料，所以核聚变对环境不构成大的污染。当今利用的核燃料是氘和氚。氘在海水中大量存在，所以燃料供应充足。

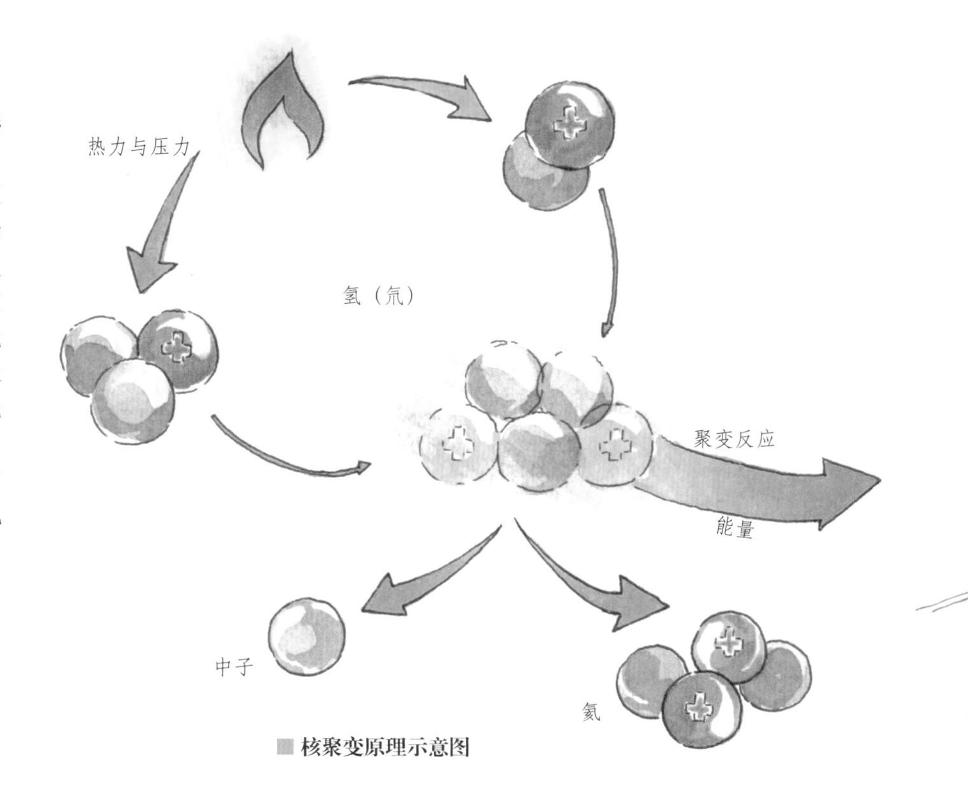

核聚变原理示意图

氢弹

氢弹也称聚变弹或热核弹，是利用氢的同位素氘、氚的核聚变反应所释放的能量来进行大规模杀伤性破坏的热核武器。它的杀伤力除爆炸产生的巨大热量外，还有释放的各种射线。与原子弹的核裂变几百吨到几万吨TNT当量相比，氢弹的核聚变能产生几十万吨至几千万吨TNT当量，威力更大。1952 年11月，美国进行了世界上首次氢弹原理试验。至20世纪60年代，美国、苏联、英国、中国和法国都相继研制成功氢弹。1967年6月17日，中国在罗布泊成功爆炸了第一颗氢弹。

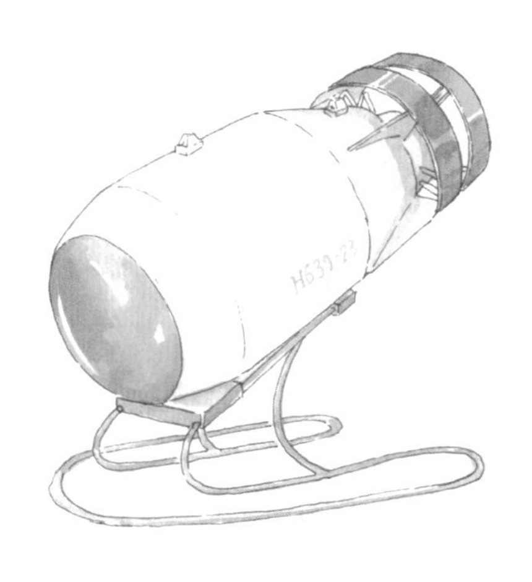
中国第一枚氢弹

氢弹爆炸

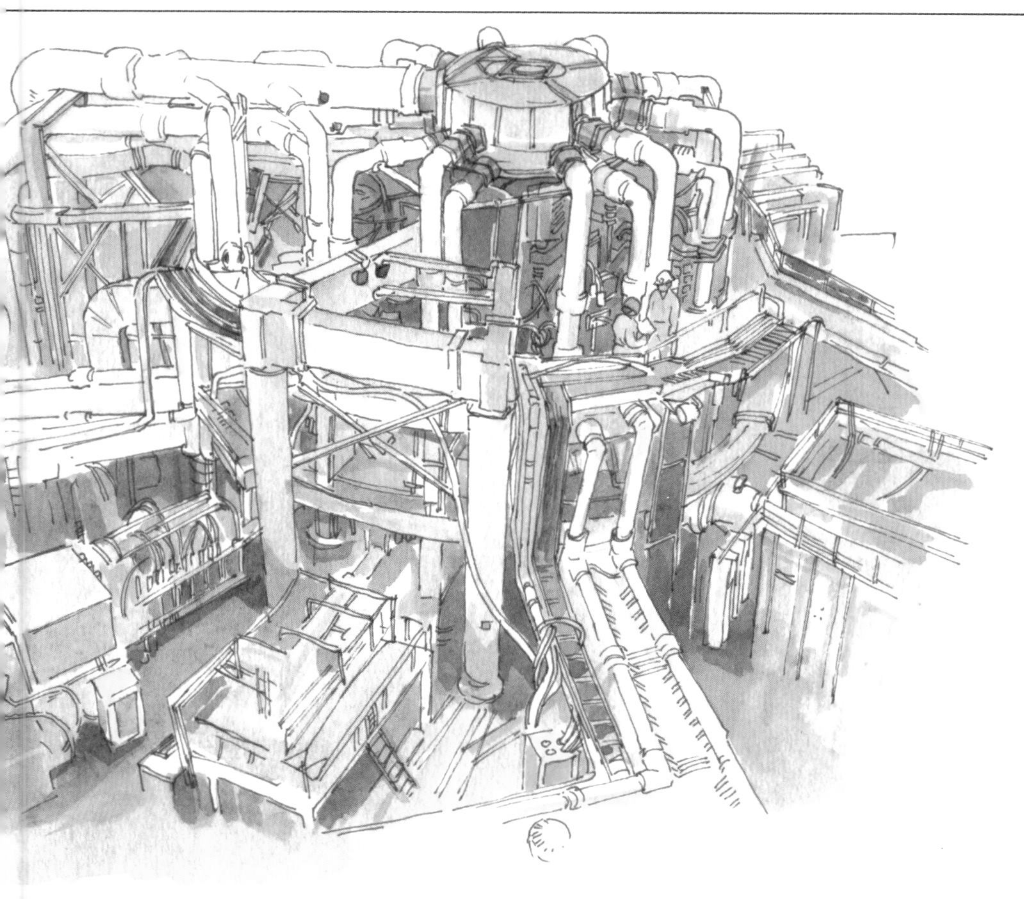

托卡马克装置

这是一种利用磁约束来实现受控核聚变的环形真空容器装置。它的外面缠绕着许多线圈，通电时内部依靠等离子体电流与环形线圈产生巨大的螺旋形磁场，将极高温（大约1亿摄氏度）等离子状态的聚变物质约束在容器里，创造氘、氚聚变的环境和超高温，实现核聚变反应，达到人类对聚变反应的控制。1954年，第一台托卡马克装置在苏联建成。近年来，随着新兴超导技术用于装置，系统运行参数得到大幅度提高。

美国新泽西实验基地场景

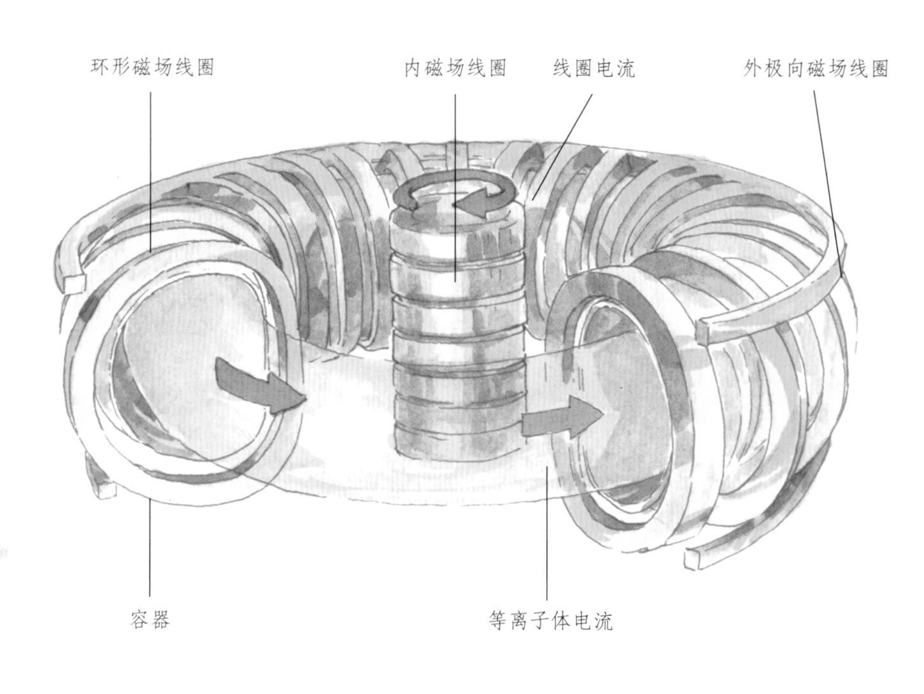

托卡马克装置结构示意图

激光聚变装置

世界上最大的激光器是美国的国家点火设施（NIF），它位于美国加利福尼亚州。长215米、宽120米的这个“大家伙”始建于1994年，建造和运行成本达35亿美元。为获得强大的热量和压力，使聚变得以进行，研究人员将1束激光转变为192束单独的激光，使得总能量增加到原来的3000万亿倍。这是由于激光在镜面之间来回反射，并通过3000块磷酸盐玻璃，其中的钛原子使激光束扩大了。

■ NIF工程建设场景

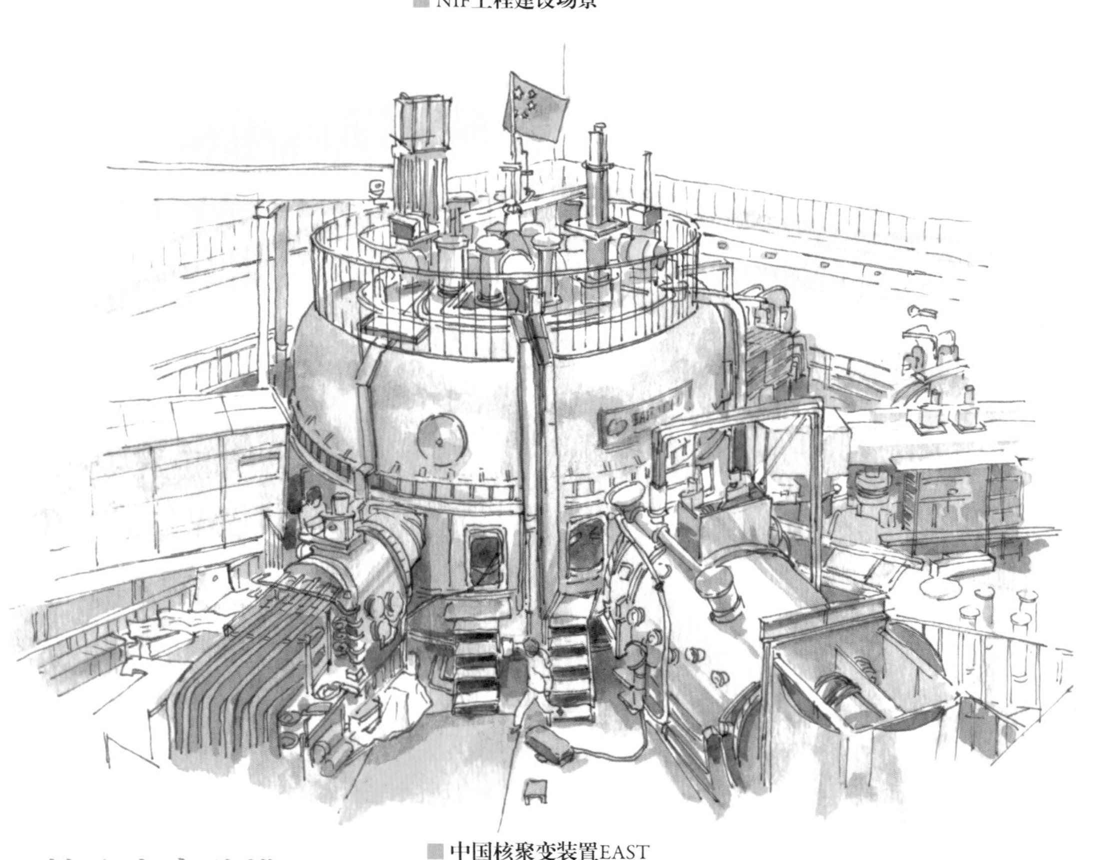

■ 中国核聚变装置EAST

■ ITER工地外景

核聚变实验堆

核聚变实验堆是能够获得持续的、有大量核聚变反应的高温等离子体，可产生接近电站规模的受控聚变能。2009年，世界首个全超导非圆截面托卡马克核聚变实验装置（EAST）首轮物理放电实验在中国合肥取得成功。2016年2月，中国EAST工程物理实验实现电子温度达到5000万摄氏度持续时间最长的等离子体放电。EAST是唯一能向国际热核聚变实验堆（ITER）提供实验数据的装置，也是世界上第一个具有主动冷却结构的托卡马克装置。

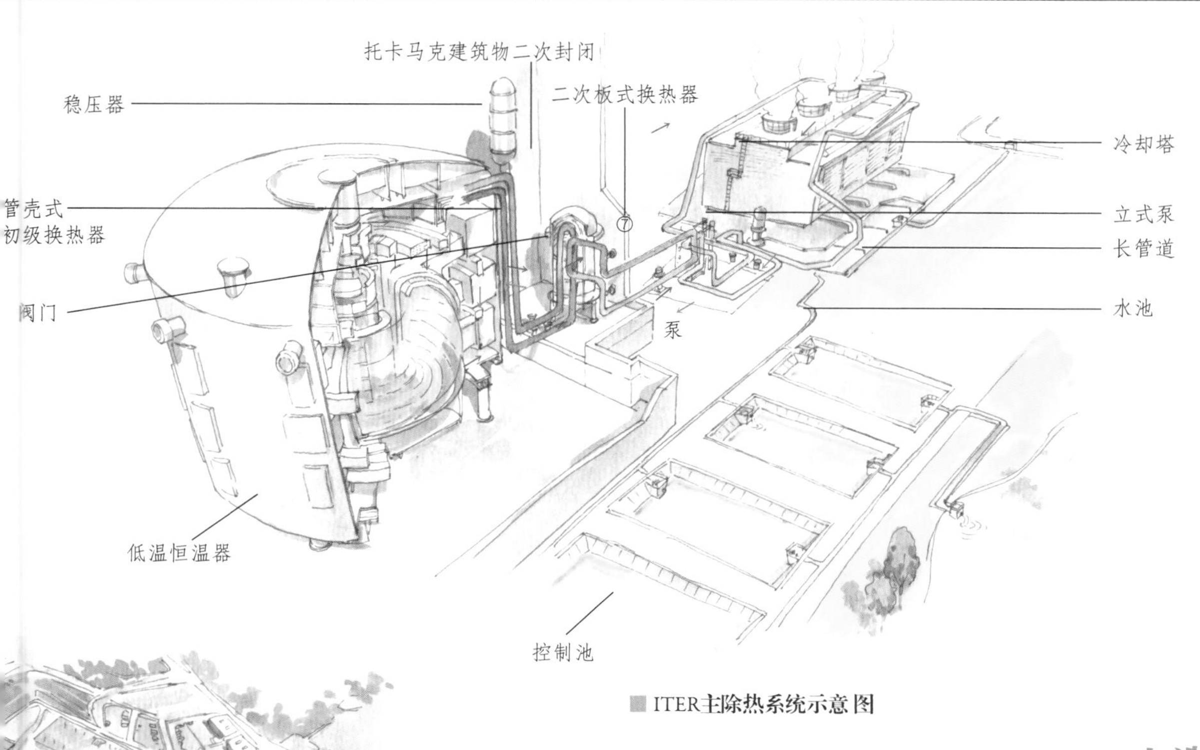

■ ITER主除热系统示意图

人造太阳

“人造太阳”是一个能产生大规模核聚变反应的超导托卡马克——国际热核聚变实验堆（ITER）的俗称。ITER计划是全球规模最大、影响最深远的国际科研合作项目之一，2005年正式确定，耗资50亿美元。项目合作承担的7个成员是欧盟、中国、韩国、俄罗斯、日本、印度和美国。ITER要把上亿摄氏度的由氘、氚组成的高温等离子体约束在体积达837米^{3}的磁笼中，产生50万千瓦的核聚变功率，相当一个小型热电站的水平。

华龙一号

“华龙一号”是由中国核工业集团公司和中国广核集团根据全球最新安全要求，研发的先进百万千瓦级压水堆，采用多项创新技术。“华龙一号”拥有177个燃料组件的反应堆堆芯、多重冗余的安全系统、单堆布置、双层安全壳，全面平衡贯彻纵深防御的设计原则，设置完善的严重事故预防和缓解措施，其安全指标和技术性能达到国际三代核电技术的先进水平，具有完整自主知识产权。2018年1月，全球首堆——中国核工业集团公司福清核电5号机组反应堆的压力容器顺利吊装入堆。同年11月，中国广核集团防城港核电二期工程首台反应堆压力容器在大连完成制造。

■ “华龙一号”工程建设

源源不断

随着全球经济的发展，能源的利用发生着深刻的变化，除以石化能源为主的传统能源外，风能、光能、海洋能、地热能等也已投入使用，但人类对能源的探索从未停止。页岩气、可燃冰、氢能等一些新能源的开发利用占比份额不断提高，也缓解了能源供需的矛盾。

据统计，拥有近500万亿米^{3}的页岩气资源量将成为全球未来发展的一种重要天然气资源。而可燃冰的能量更可以颠覆人类的想象：一辆以天然气为燃料的汽车一次加满100升只能跑300千米，而加入相同体积的可燃冰，竟能跑出5万千米！

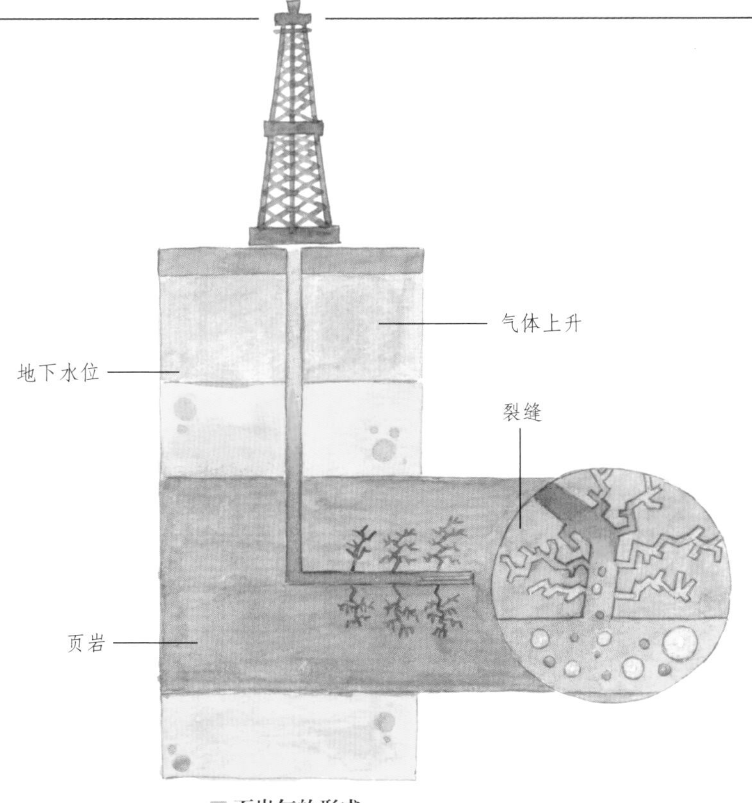

■ 页岩气的形成

页岩气

页岩气是蕴藏于页岩层，主体上以吸附或游离状态存在于泥岩、高碳泥岩、页岩及粉砂质岩类夹层中的非常规天然气。成分以甲烷为主，是一种清洁、高效的能源资源和化工原料，主要用于居民燃气、城市供热、发电、汽车燃料和化工生产等，用途广泛。主要分布在北美、中亚、中国、拉美、中东、北非等。

页岩气的形成

富含有机物的沉积物被埋藏后，经过长期而复杂的物理变化和化学变化，逐渐变成了页岩气。它们有的以游离状态（大约50%）存在于页岩的裂缝、孔隙及其他储集空间，有的以吸附状态（大约50%）存在于干酪根、黏土颗粒及孔隙表面，还有极少量以溶解状态储存于干酪根、沥青质和石油当中。

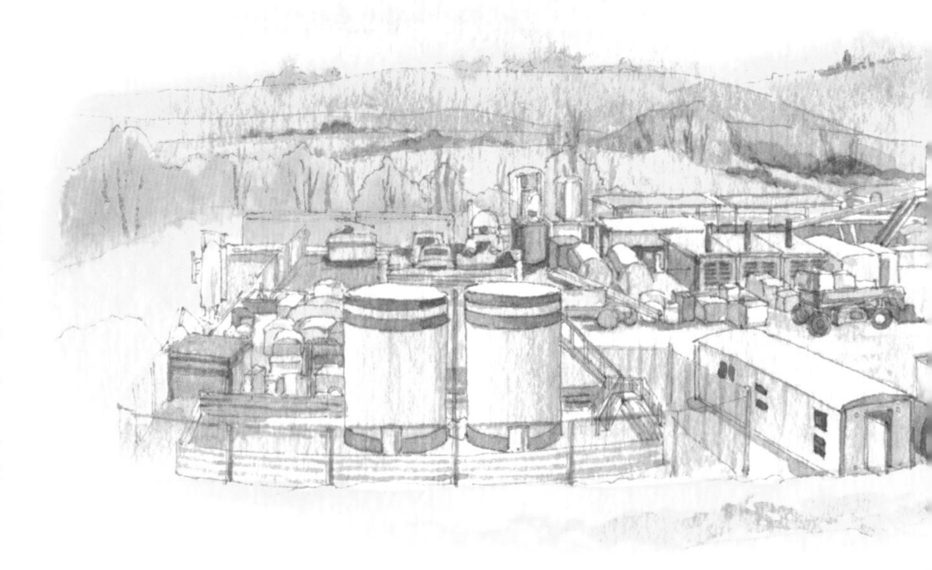

页岩气与天然气

页岩气具有自生自储的特点，页岩既是它产生的地方又是它储存的地方。虽然受页岩气储集层渗透率低的影响，开采难度较大，但页岩气具有开采寿命长、生产周期长的优点，且分布范围广、厚度大，能够长期稳定地产气，开采技术发展很快。常规天然气以游离储存为主，蕴藏在地下多孔隙岩层中，但主要存在于油田和天然气田，也有少量出于煤田。开采时天然气一般采用自喷方式采气、排水式采气，开采难度不大。

■ 天然气储罐

■ 燃烧的页岩油

页岩气革命

世界上对页岩气资源的研究和勘探开发最早始于美国。“页岩气革命”的标志则是2009年美国以6240亿米^{3}的产量首次超过俄罗斯，成为世界最大的天然气生产国。2010年，美国页岩气产量已超过了1000亿米^3，改变了世界能源的格局。美国依靠成熟的开发生产技术和完善的管网设施，使页岩气的开采成本仅仅略高于常规气，更使其成为当时世界上唯一实现页岩气大规模商业性开采的国家。

■ 美国宾夕法尼亚页岩气钻井现场

页岩气的开采

页岩气的开采技术主要包括地震勘探、钻井、测井、含气量录井及现场测试、固井、完井、储层改造等。由于各地区页岩储层的特性，如黏土矿物成分及含量、脆性等的不同，因此在勘探和开采时要选择切合实际的技术。地震勘探技术有助于准确认识储层的复杂构造，进行综合分析，提高开发井成功率。随着钻井技术的不断改进，钻速提高，成本降低，时间减少。在储层保护、优化完井作业、提高气井产量、减少对储层的污染等方面也有针对性的技术解决方法。

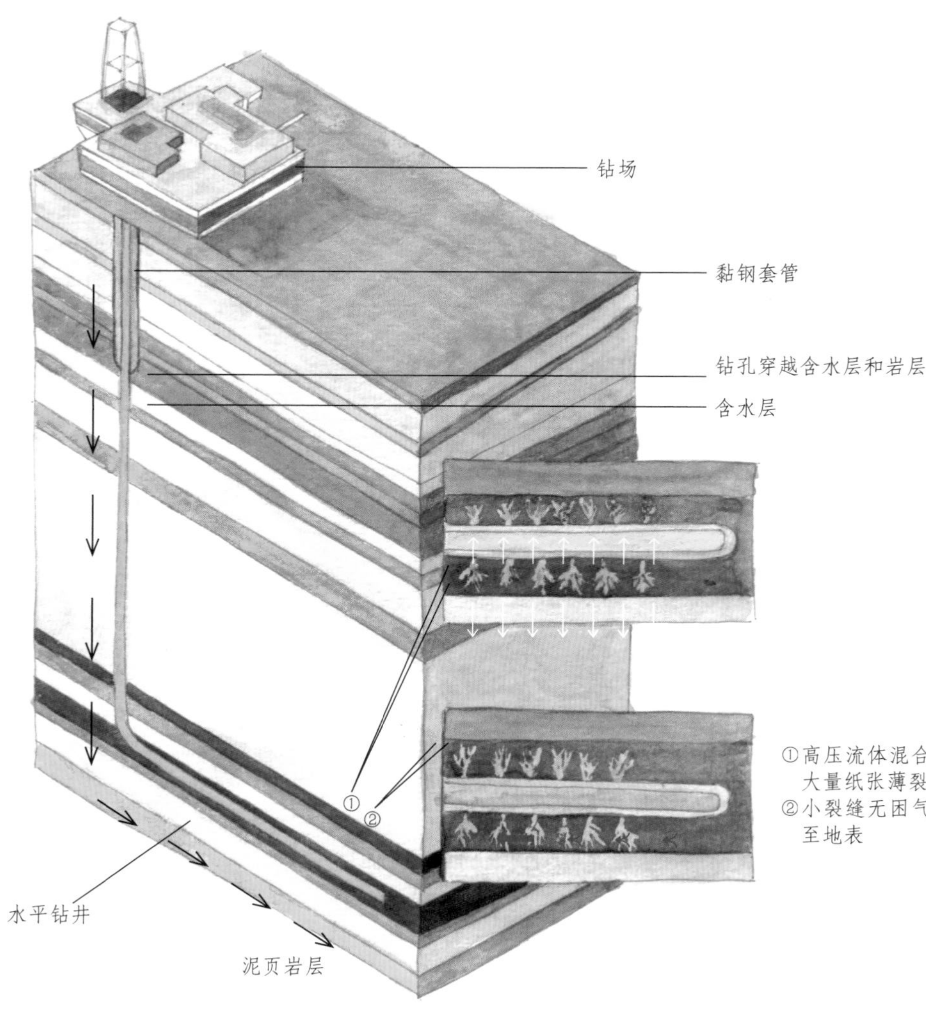

页岩气开采示意图

大数据技术的应用

在追求更高产量和更低成本的页岩革命“2.0时代”，大数据技术在页岩气项目开发的全流程中起到了核心作用，如勘探、开发方案设计、钻井、完井等。大数据分析有助于降低页岩气开采成本，并使得越来越多先进的自动化技术、移动计算技术、机器人和工业无人机得到应用，大大增加了页岩气的开采量。

威201井

位于四川威远县新场镇老场村的西南油气田蜀南气矿于2011年7月2日，在中国石油西南油气田公司连续7天不间断作业后，完成中国第一口页岩气水平井——威201—H1井11段压裂。同年8月试采，日产页岩气量超过1万立方米。这口井压裂施工创造中国页岩气水平井压裂段数最多、泵注压力最高、单井用液量最大、施工排量最大、连续施工时间最长等多项纪录。

■ 威201井现场

■ 中国页岩气技术研发使开采量增加

可燃冰

一种天然气水合物因外观如冰的结晶物质一样，且遇火就能燃烧，所以得名“可燃冰”。它分布于深海沉积物或陆域的永久冻土之中，由天然气与水在高压低温条件下形成。可燃冰的形成必须满足三个条件：一是温度不能高于20摄氏度，故海底的温度最适合其形成；二是要有足够的压力，海底越深处压力就越大，可燃冰就越稳定；三是要有甲烷气源，因海底古生物尸体沉积物众多，被细菌分解后就会产生并释放可燃烧的甲烷气体。

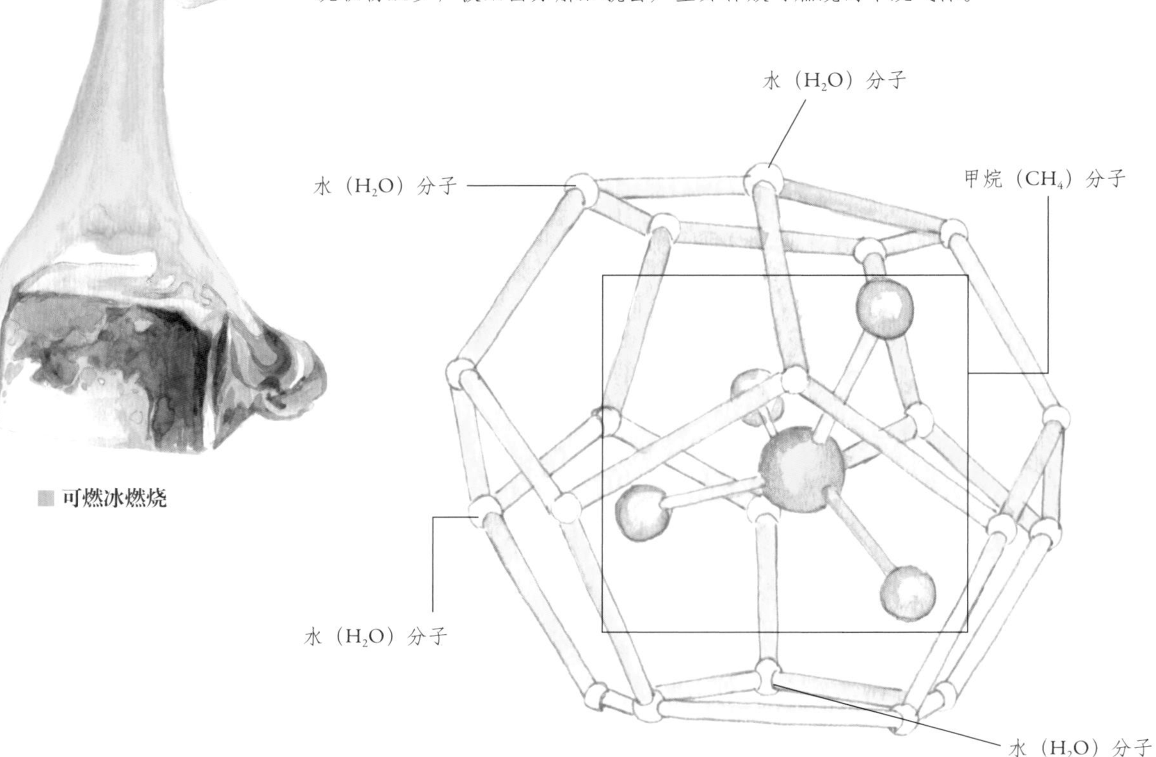

■ 可燃冰燃烧

■ 可燃冰分子结构示意图

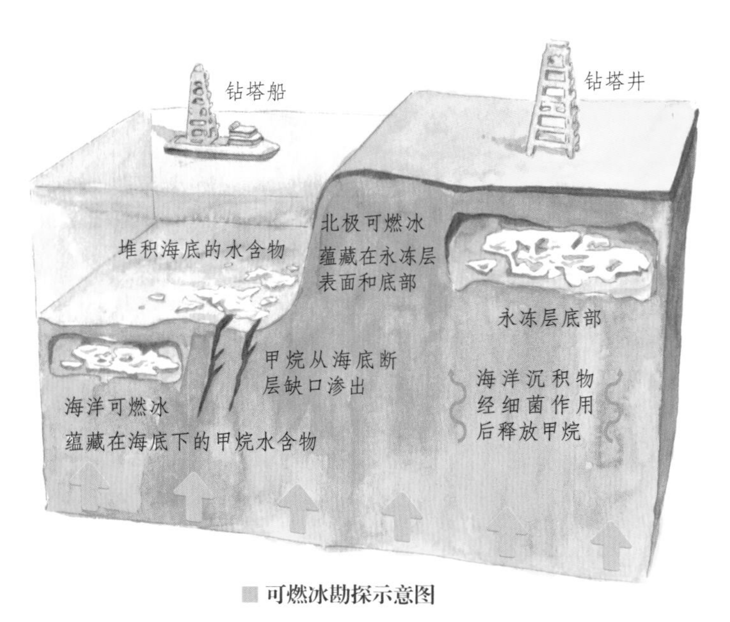

■ 可燃冰勘探示意图

可燃冰的分布

可燃冰具有极强的燃烧力，这是因为其结构是由水分子和烃类气体分子（主要是甲烷）组成的，燃烧后几乎不产生任何残渣，因此污染较小。在地球上大约有27%的陆地是可以形成可燃冰的潜在地区，而在世界大洋水域中约有90%的面积也属于这样的潜在区域。已发现的可燃冰主要分布于北极地区的永久冻土区和世界范围内的海底、陆坡、陆基及海沟中。

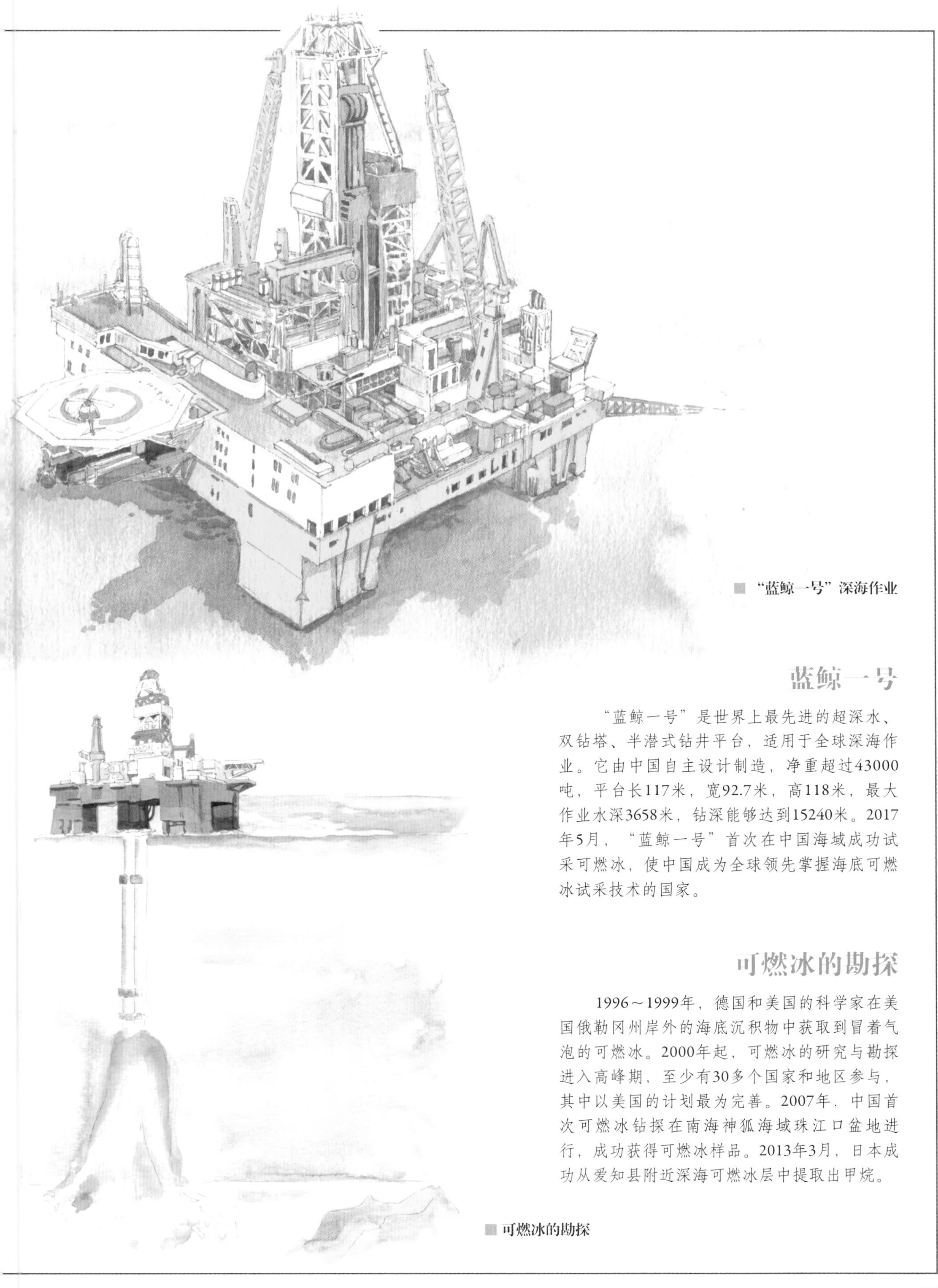

■ “蓝鲸一号”深海作业

蓝鲸一号

“蓝鲸一号”是世界上最先进的超深水、双钻塔、半潜式钻井平台，适用于全球深海作业。它由中国自主设计制造，净重超过43000吨，平台长117米，宽92.7米，高118米，最大作业水深3658米，钻深能够达到15240米。2017年5月，“蓝鲸一号”首次在中国海域成功试采可燃冰，使中国成为全球领先掌握海底可燃冰试采技术的国家。

可燃冰的勘探

1996～1999年，德国和美国的科学家在美国俄勒冈州岸外的海底沉积物中获取到冒着气泡的可燃冰。2000年起，可燃冰的研究与勘探进入高峰期，至少有30多个国家和地区参与，其中以美国的计划最为完善。2007年，中国首次可燃冰钻探在南海神狐海域珠江口盆地进行，成功获得可燃冰样品。2013年3月，日本成功从爱知县附近深海可燃冰层中提取出甲烷。

■ 可燃冰的勘探

氢的命名

1766年，英国化学家卡文迪什（Henry Cavendish）发现，把一定量的锌和铁投到充足的盐酸和稀硫酸中，产生的气体量是固定不变的。科学家用排水法收集了这种气体，发现它和空气混合后遇到火星就会爆炸，且燃烧后的产物是水。1787年，法国化学家拉瓦锡（A-L. Lavoisier）通过实验认为水不是一种元素，而是氢和氧的化合物，正式提出“氢”是一种元素，燃烧后的产物是水，还用拉丁文把氢命名为“水的生成者”。

■ 1787年拉瓦锡命名氢

氢气内燃机的发明

1807年，首款单缸氢气内燃机面世，开启了氢气作为内燃机燃料的先河。其原理是首先将氢气充进气缸，再使氢气在气缸内燃烧，产生的能量不断推动活塞往复运动。这项发明获得了法国专利，并成为第一个关于汽车产品的专利。受当时技术水平所限，氢气内燃机的制造和使用较为复杂，后来逐渐被蒸汽机、柴油机和汽油机所取代。

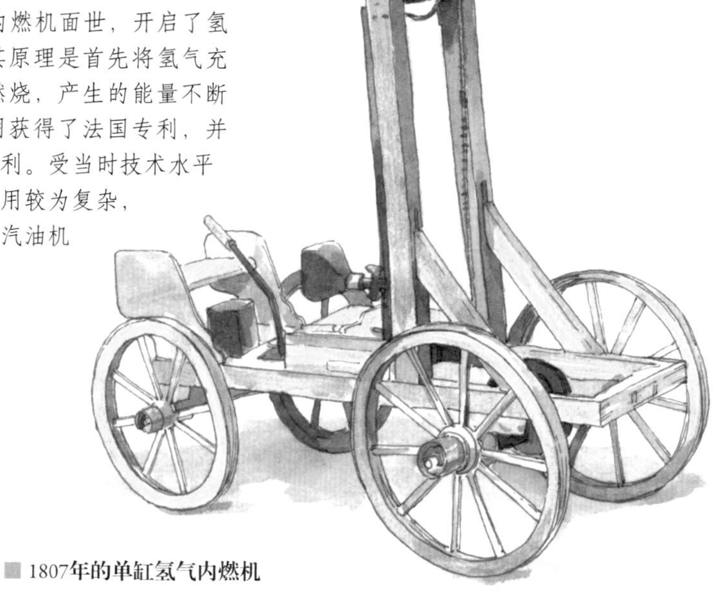

■ 1807年的单缸氢气内燃机

氢气球

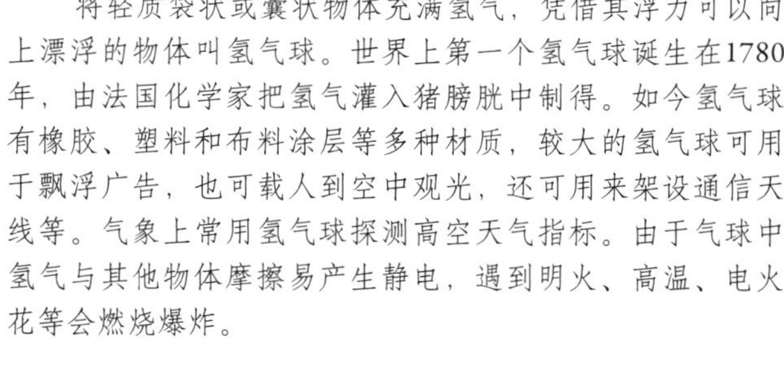

将轻质袋状或囊状物体充满氢气，凭借其浮力可以向上漂浮的物体叫氢气球。世界上第一个氢气球诞生在1780年，由法国化学家把氢气灌入猪膀胱中制得。如今氢气球有橡胶、塑料和布料涂层等多种材质，较大的氢气球可用于飘浮广告，也可载人到空中观光，还可用来架设通信天线等。气象上常用氢气球探测高空天气指标。由于气球中氢气与其他物体摩擦易产生静电，遇到明火、高温、电火花等会燃烧爆炸。

空中的氢气球

氢燃料火箭

氢是航空航天工业用的重要燃料，火箭的燃料主要是液态氢，这是因为液态氢具有较高的热值，通过完全燃烧可以释放出巨大的热量，转变为动力而将火箭上的卫星送入预定轨道。氢燃料具有甲醇、乙醇、高浓度水合肼、二甲肼等其他可用作液体火箭燃料所无法相比的优势。液态氢俗称液氢，是由氢气经降温而得到的液体，通常须保存在大约零下250摄氏度的温度下，否则就会汽化并蒸发。

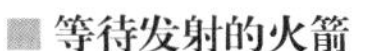

等待发射的火箭

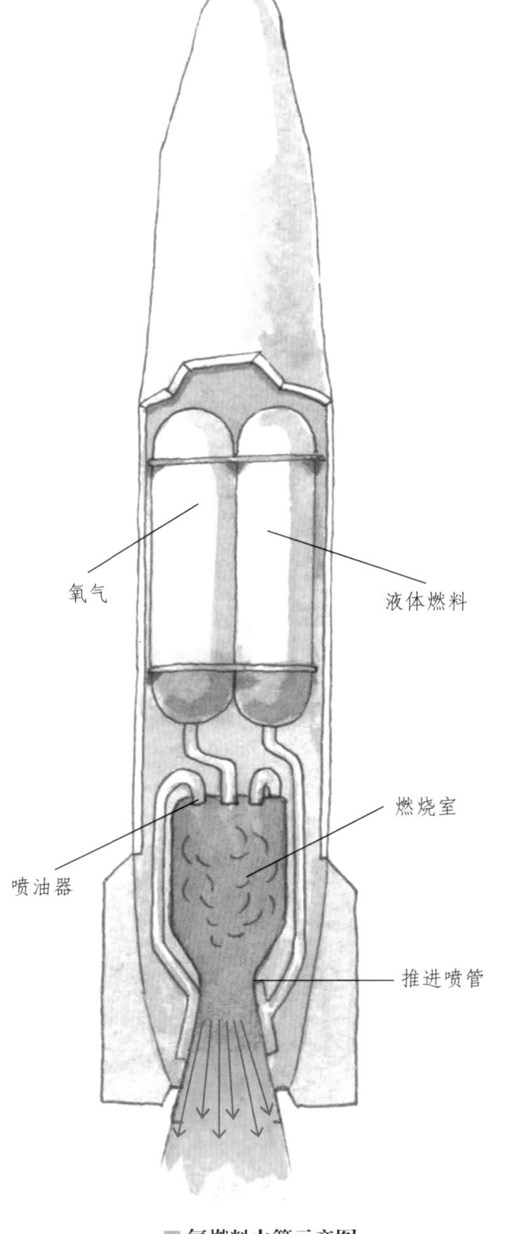

氢燃料火箭示意图

■ 稀硫酸跟金属锌起反应制取氢气

氢气的制取

制取少量氢气可在实验室中进行，通常用稀硫酸跟金属锌起反应来制取氢气，也可以用盐酸代替硫酸，用镁或铁代替锌来制取氢气。大量的制取则需要制氢工厂通过电解水的方式进行。西门子公司及其合作伙伴建设了世界上最大的氢电解设施，设备的核心部件是一种高压电解槽，可以在几秒钟内达到5兆瓦的最大容量，年产氢气数百吨。

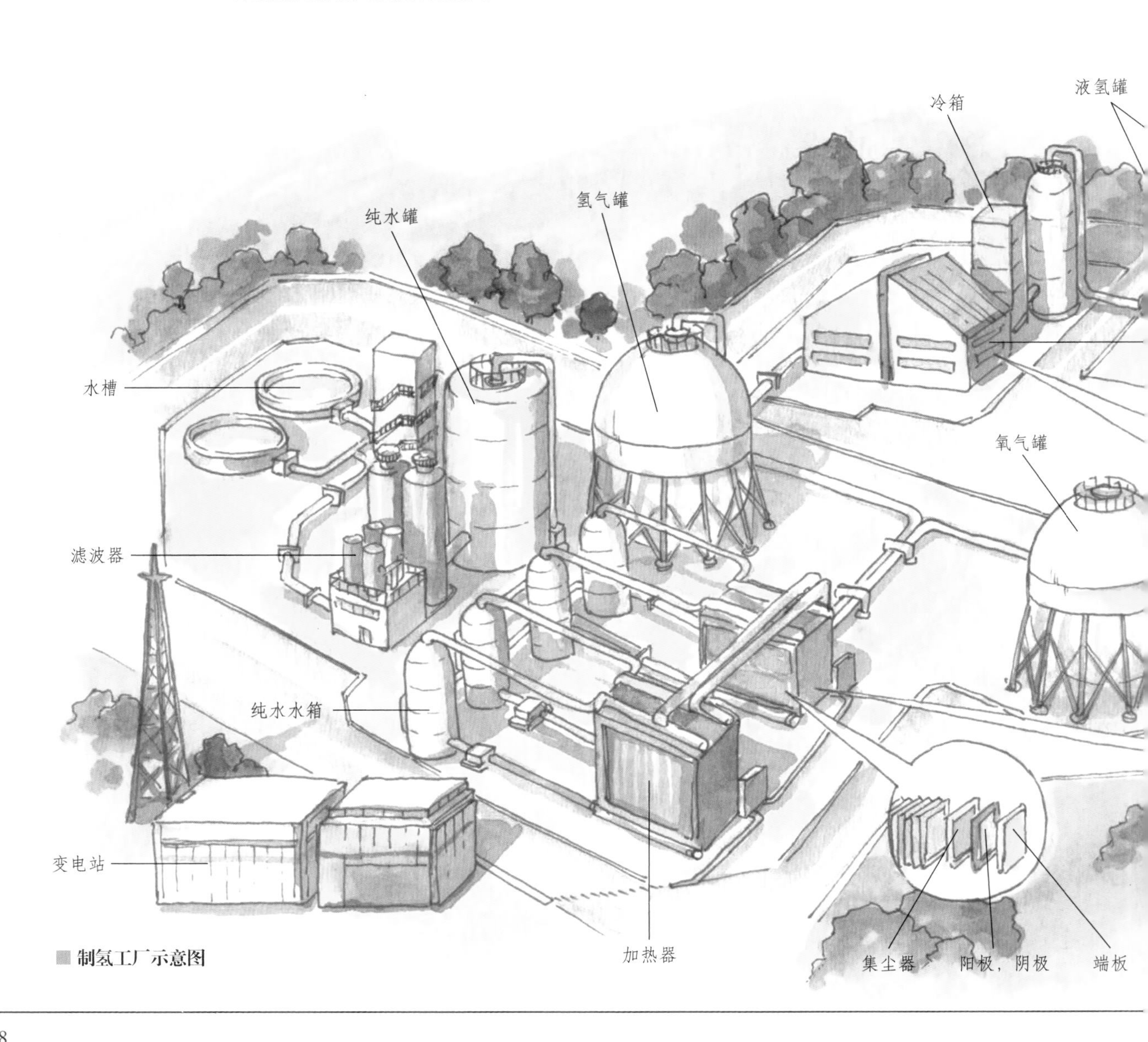

■ 制氢工厂示意图

氢气的储存

氢的储存通常有三种方法：一是采用高压气态储存，先将氢气压缩，然后装入钢瓶或储存罐中；二是低温液氢储存，先将氢气冷却成液态后将其储存在高真空的绝热容器中；三是金属氢化物储存，利用氢与氢化金属之间可逆反应，当外界有热量加给金属氢化物时，就分解氢化金属并放出氢气，反之氢就以氢化物的形式储存。

■ 氢气储存罐

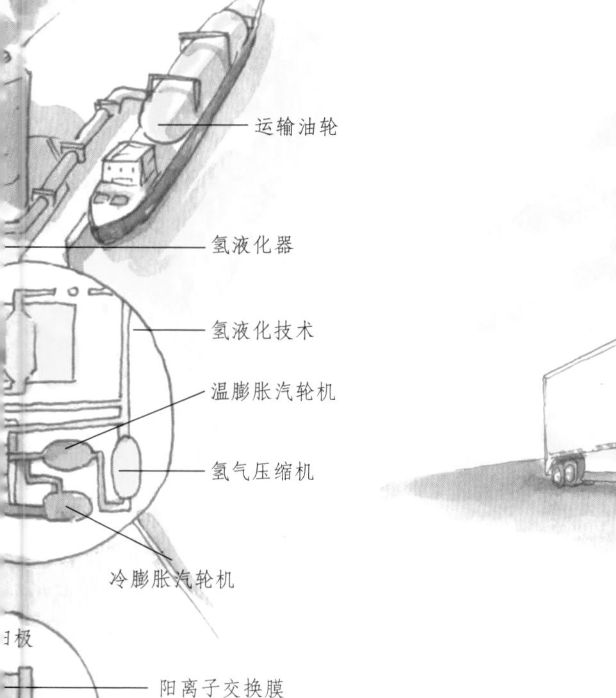

■ 氢气运输卡车

氢气的运输

作为高危险气体，氢气具有很强的易燃易爆性和毒性，运输时要格外注意。传统的运输模式有三种：几千克级近距离的一般用钢瓶；几百千克级的需要不锈钢管拖车，常用的高压管式拖车一般装有多根高压储气管；几千千克级的则需要液氢运输，但液化过程会消耗能量，不适于运输。对于大量、长距离的氢气输送，管道输送是最有效的方法，应选用含碳量低的材料制成的管道运输，以减少氢气的逃逸。

氢燃料电池

氢燃料电池利用氢元素，通过电化学反应，将化学能直接转换成电能。氢燃料电池具有无污染、无噪声、高效率的特点，作为真正意义上“零排放”的清洁能源，只产生水和热。氢燃料电池如今已被应用于汽车、飞机、航天等领域。

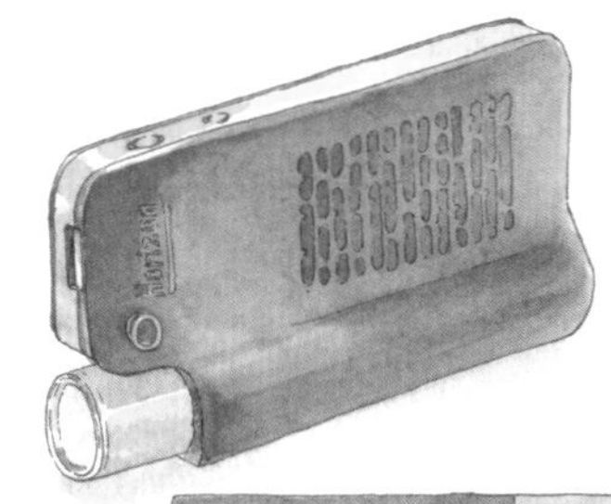

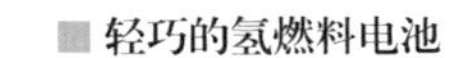
■ 轻巧的氢燃料电池

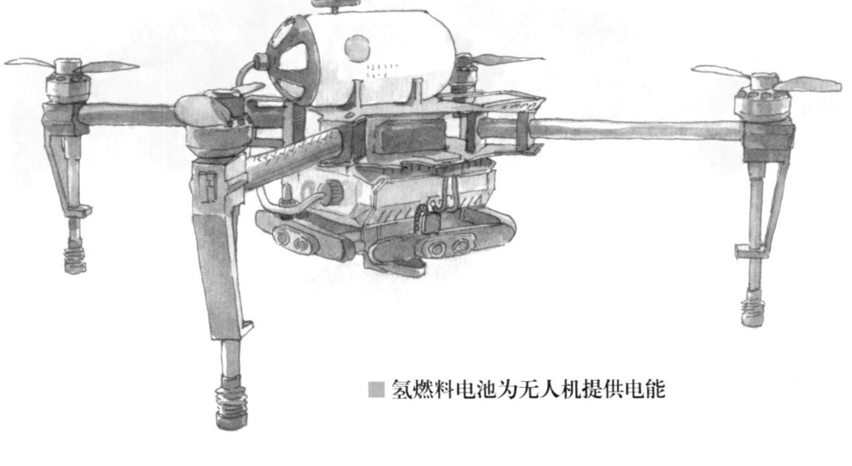

■ 氢燃料电池为无人机提供电能

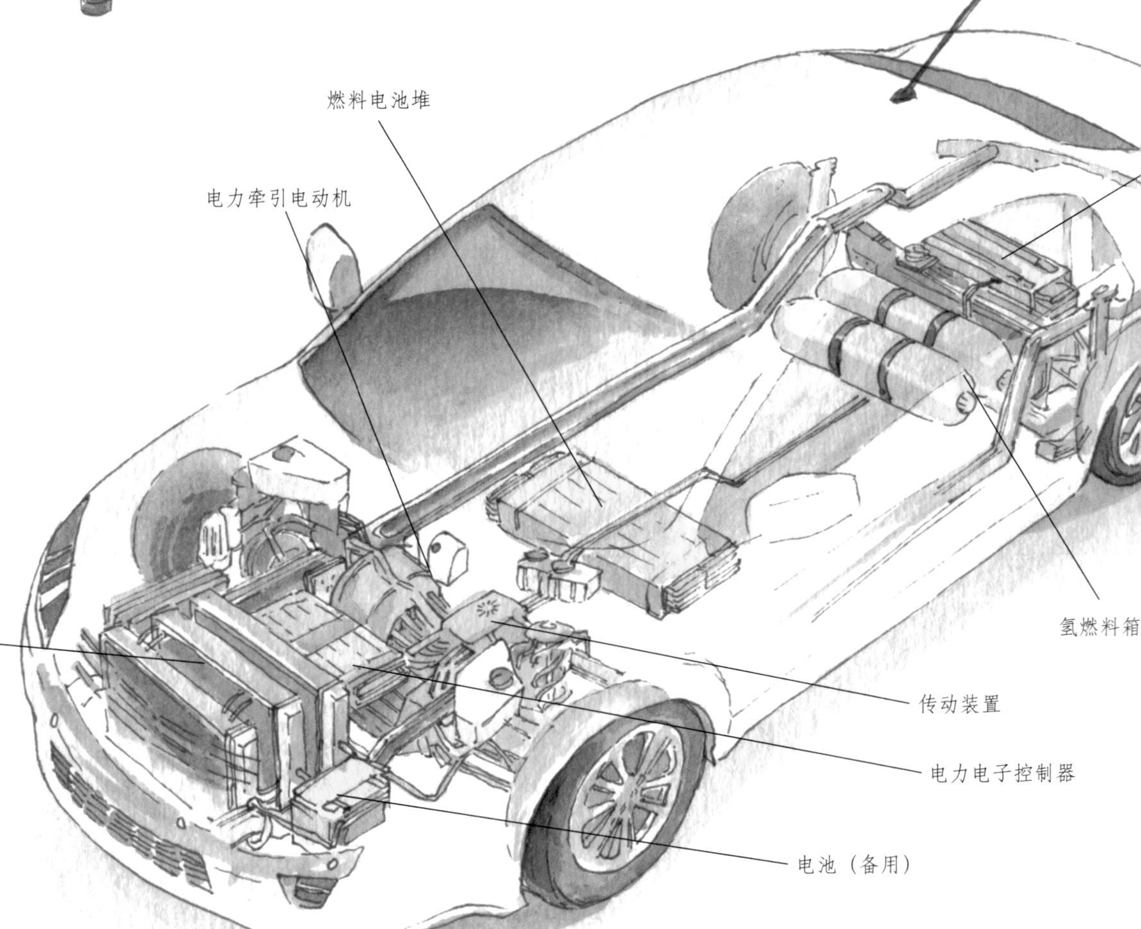

■ 氢燃料汽车结构示意图

氢燃料汽车和加氢站

氢燃料汽车使用气体氢，将氢输入燃料电池中发电，经逆变器、控制器等装置给电动机供电，再经传动系统、驱动桥等带动车轮转动。通用汽车公司与壳牌氢能源公司在美国华盛顿联合推出了全美第一个加氢加油站，加氢站由氢气分离厂和加气台两部分组成。氢气分离厂在电力的作用下将水分离成氢气和氧气，并将氢气收集在密封压力罐内加压、储存，再通过高压管道为氢汽车加氢。

■ 加氢站

电池组

■ 氢动力小型飞机

氢动力飞机

2008年4月3日，波音公司一架以氢燃料电池为动力源的小型飞机试飞成功，开启世界航空史的先河。为飞机提供的动力来自改进性能和高效率的氢燃料电池。作为一种发电装置，燃料系统以氢气为燃料，与空气中的氧气发生电化学反应，直接转化成电能，仅有副产物水。氢燃料电池需不断添加燃料来维持其电力，目前还不能为大型客机提供主要动力。

能源的消耗和储存

纵观能源发展的历史进程可以认识到，能源生产方式是多元离散的，而其消耗却是集中高密度且与日俱增的：人口数量的不断增加，人类生活方式的不断变化，更多的消耗激增导致电力生产需求增大。长此以往的消耗，不但给人类赖以生存的环境和资源带来重负，还会令其消失殆尽，给人类的生存带来压力。

正因如此，人类在不断地开发新能源、想尽办法节约能源的同时，开始研究将用不完的能量储存起来。随着低碳趋势带来的转型，以及新能源的快速发展，越来越多的高科技储能技术实现了能源的聚集储存。

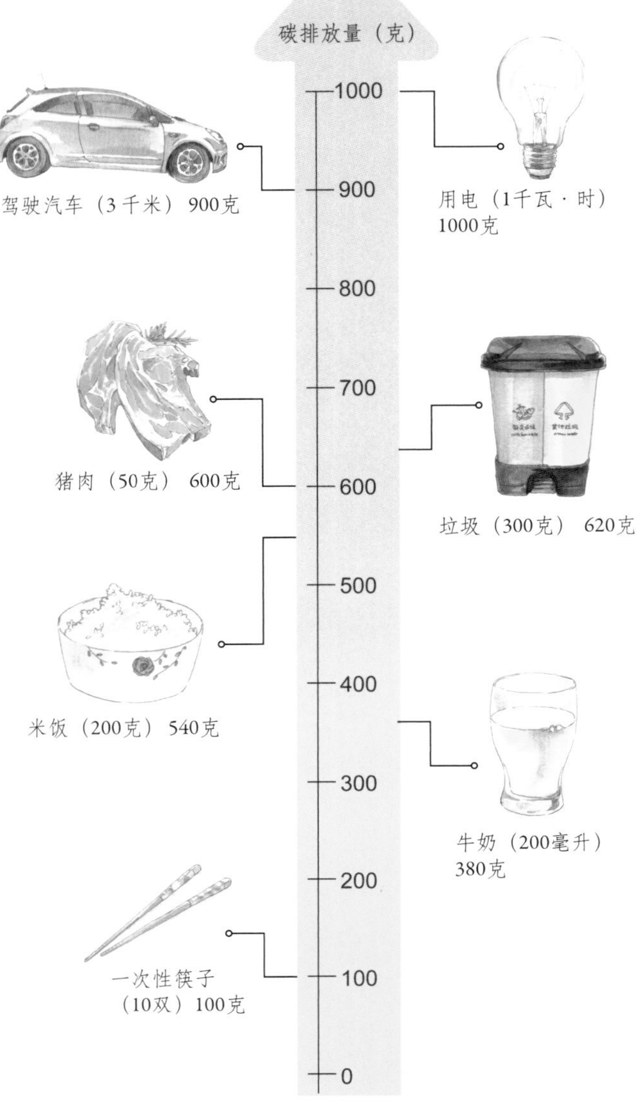

不同质量物品在生产、运输、使用及回收过程中产生的碳排放量对比

全球能源消费

长期以来，全球一次能源消费以化石能源为主，随着新能源利用技术的不断突破，新能源替代的步伐不断加快。预计到2030年，天然气和非化石燃料的占比将提高，而煤和石油的占比将相应降低，新能源替代传统能源的趋势将愈加明显。

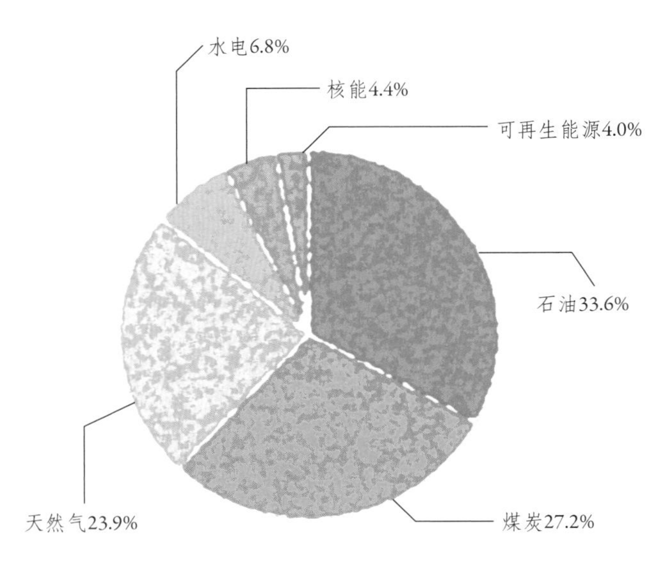

2018年全球主要能源消费占比

碳排放

碳排放是关于温室气体排放的总称。全球变暖的主要原因是人类在近一个世纪以来大量使用矿物燃料（如煤、石油等），排放出大量二氧化碳等多种温室气体造成的。据国际组织《全球碳计划》2017年11月研究报告显示，中国的碳排放量占全球总量的28%。欧盟2017年碳排放量将下降0.2%，远低于其过去十年年均2.2%的降幅。美国2017年碳排放量下降0.4%，低于前十年年均1.2%的下降速度。

京都议定书

全称为《联合国气候变化框架公约的京都议定书》，是人类历史上首次以法规的形式限制温室气体排放。《京都议定书》于1997年在日本京都通过。1998～1999年间共有84个国家参与，2005年2月16日开始强制生效，到2009年2月，共有183个国家通过了该条约。议定书的执行对气温的升幅起到了一定的降低作用，但还远远不够。随着碳排放与日俱增，遍布人类的日常生活、衣食住行，“碳足迹”在时时刻刻地提醒着人类要学会低碳、环保和绿色的生活。

碳排放交易

碳排放交易简称碳交易，是用经济手段推动环保的国际通行办法，也是一种清洁发展的机制。根据《京都议定书》的约定，各协议国都承诺在一定时期内实现一定的碳排放减排目标，而当有的国家不能按期实现减排目标时，可从拥有超额配额的国家（主要是发展中国家）购买一定数量的配额（或排放许可证），以完成自己的减排目标。作为一种市场化的交易，英国、美国已成为全球碳排放交易的两大中心。

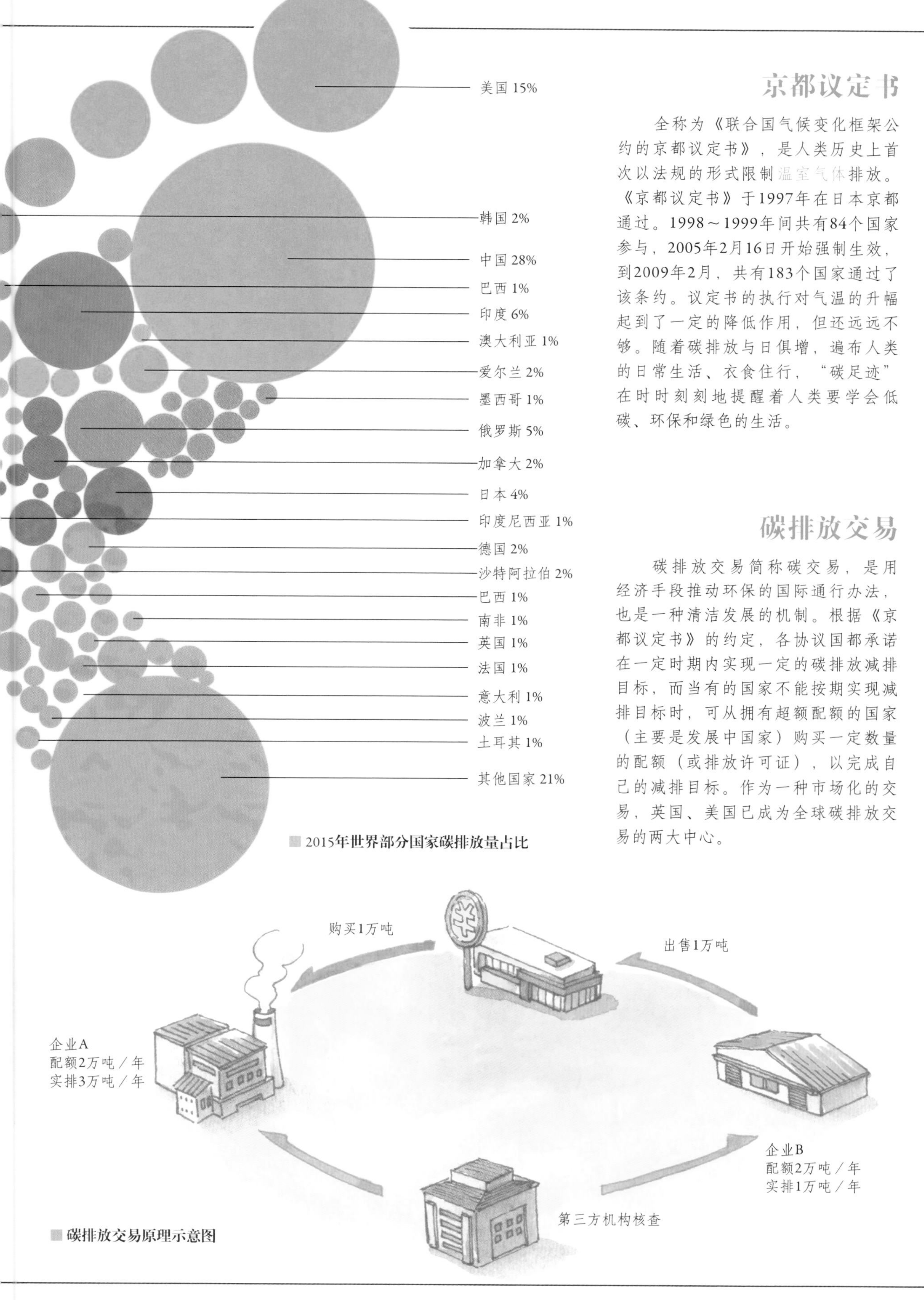

2015年世界部分国家碳排放量占比

碳排放交易原理示意图

抽水蓄能电站

抽水蓄能电站又称蓄能式水电站，通常是利用电力负荷低谷时的电能将水抽至上水库，在电力负荷高峰期再放水至下水库发电的水电站。抽水蓄能电站可将电网负荷低时的多余电能转变为电网高峰时期的高价值电能，是电力系统中最可靠、最经济、寿命周期长、容量大、技术最成熟的储能装置。世界上第一座抽水蓄能电站于1882年在瑞士苏黎世建成。截至2018年，中国抽水蓄能电站装机容量居世界第一。

■ 抽水蓄能电站

石墨烯

新能源电池的开发离不开石墨烯，作为呈蜂巢晶格的二维碳纳米材料，一层层叠起来就是石墨，厚1毫米的石墨大约包含了300万层的石墨烯。2004年，英国两位科学家用微机械剥离法成功从石墨中分离出石墨烯。因其具有优异的光学、电学、力学特性，故在材料学、微纳加工、能源、生物医学和药物传递等方面具有重要的应用前景。最先实现商业化应用的将是移动设备、航空航天、新能源电池等领域。

■ 石墨烯

压缩空气储能

压缩空气储能是指在电网负荷低谷期将电能用于压缩空气，在电网负荷高峰期再释放压缩空气推动汽轮发电机组发电的储能方式。储能的时候，要将空气压缩至高压并储存在密封的储气井或报废矿井、沉降的海底储气罐、山洞、过期油气井中。目前，压缩空气储能电站的建造成本和响应速度与抽水蓄能电站相当，且使用寿命长、储能容量大，具有大规模储能推广应用的前景。

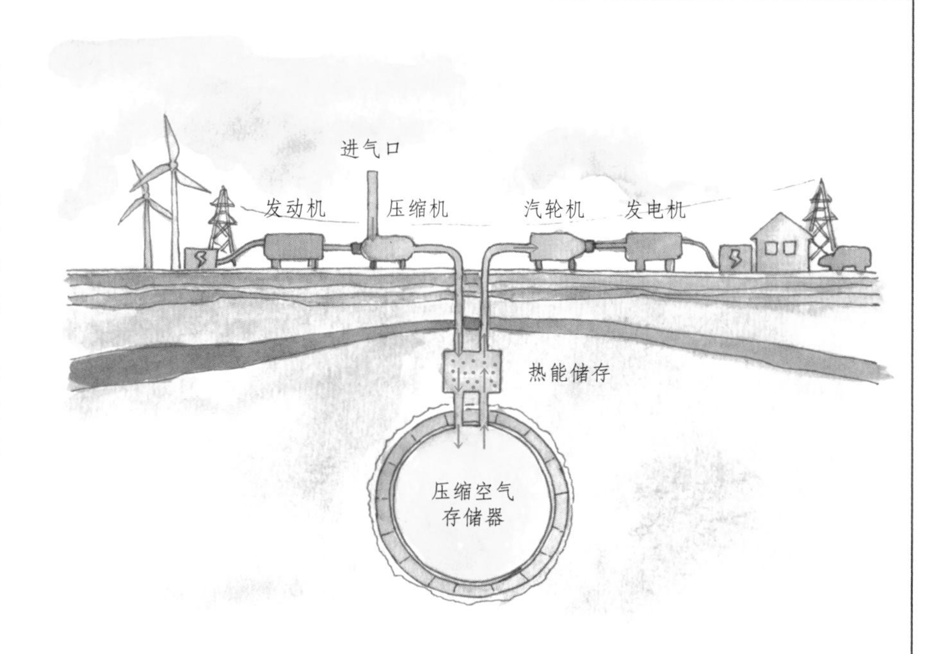

■ 压缩空气储能工作原理示意图

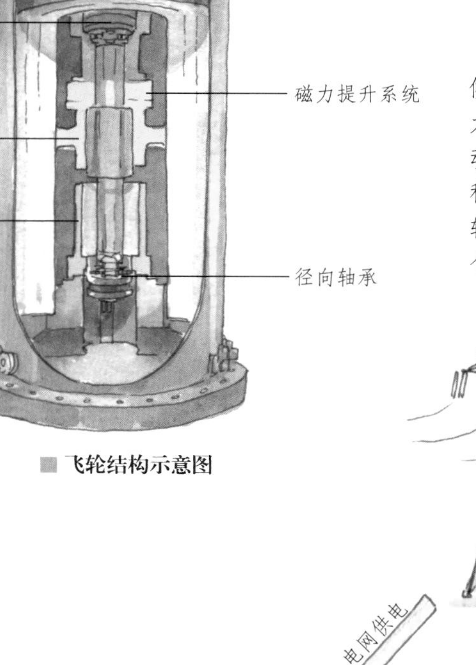

■ 飞轮结构示意图

飞轮储能

飞轮储能是指利用电动机带动飞轮高速旋转，在需要的时候再用飞轮带动发电机发电的储能方式。储能时，电能通过电力转换器变换后驱动电动机运行，带动飞轮加速转动，飞轮以动能的形式将能量储存，完成电能到机械能转换的储存能量过程，能量储存在高速旋转的飞轮体中。释能时，高速旋转的飞轮拖动电机发电，完成机械能到电能转换的释放能量过程。整个飞轮储能系统实现了电能的输入、储存和输出过程。

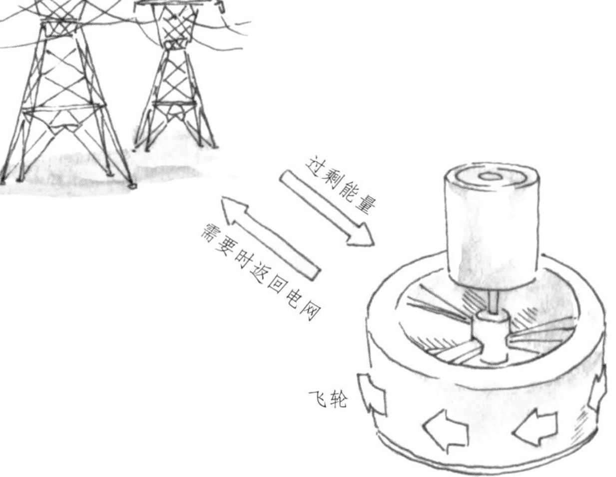

■ 飞轮储能工作原理示意图

储能系统

能量储存系统的基本任务就是为了克服能量供需之间的时间性或局部性的差异。它的主要类型：机械储能、电气储能、电化学储能、热储能和化学储能等。其中机械储能又包括抽水蓄能、压缩空气储能、飞轮储能等。目前世界上占比最高的是抽水蓄能。电气储能包括超导储能、超级电容器储能。电化学储能包括铅酸电池、锂离子电池、钠硫电池、液流电池。目前研究主要集中于超级电容和电池（锂离子电池、液流电池）上。

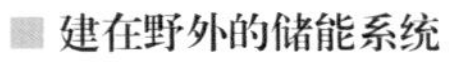

建在野外的储能系统

热储能

热储能是指热能被储存在隔热容器的媒介中，需要的时候可以转化为电能，也可以直接利用。热储能分为显热储能和潜热储能。由于热储能储存的热量可以很大，所以可以用于可再生能源的储能。热储能的不足之处是需要各种高温化学热工质，应用场合比较受限。

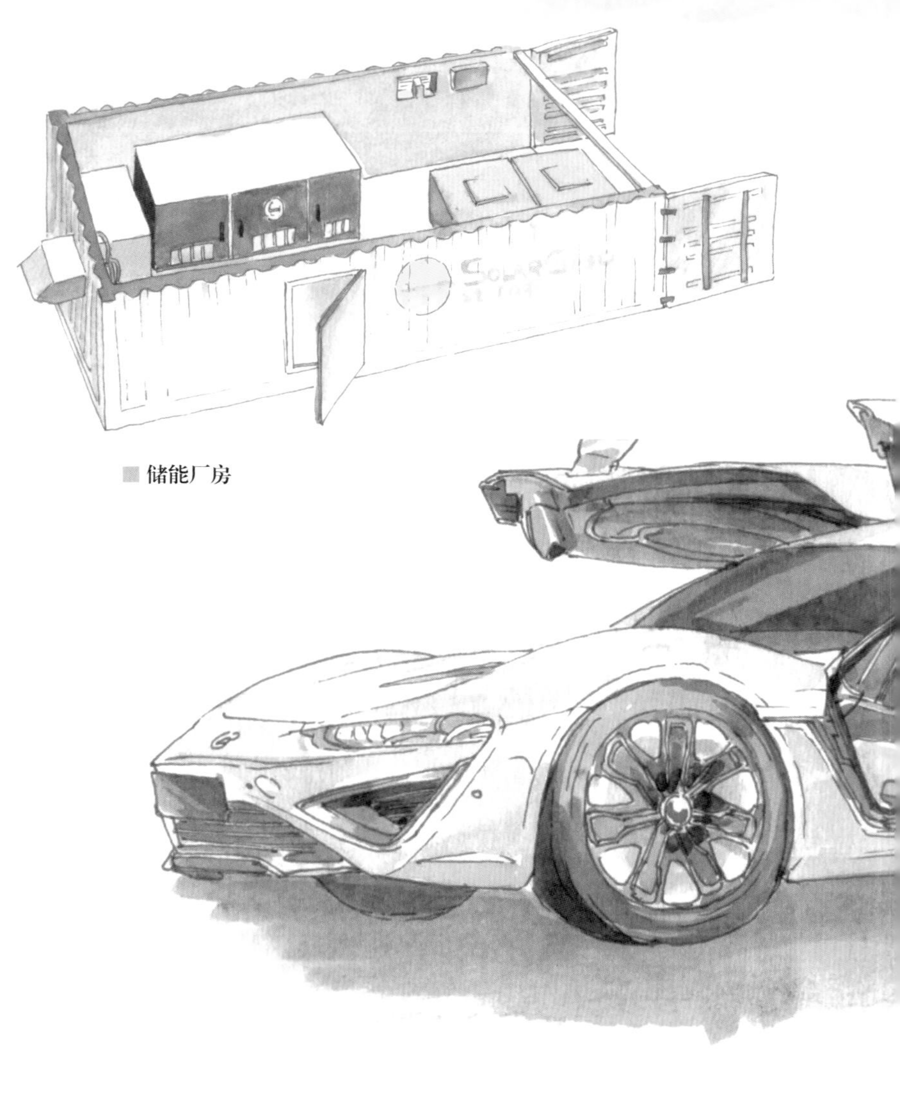

储能厂房

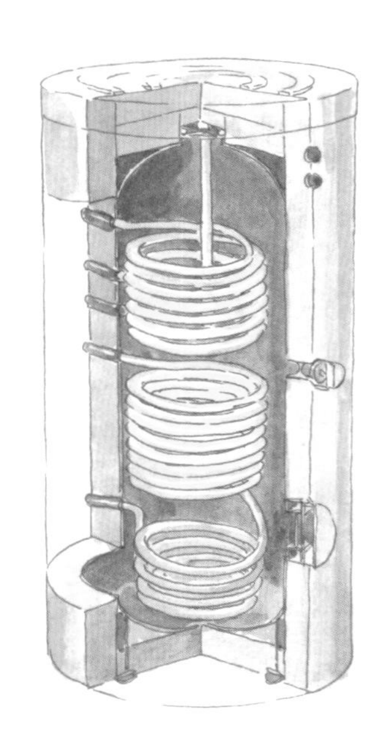

家用太阳能储水箱结构示意图

超导储能

由于超导磁体环流可以在零电阻下无能耗地持久储存电磁能，且可在短路情况下照常运行，故称超导储能。超导储能的优点主要是功率大、质量轻、体积小、损耗小、反应快等，因此可应用于电网。当大电网中负荷小时，可把多余的电能储存起来，负荷大时又把电能送回电网，这样可避免用电高峰和低谷时的供求矛盾。

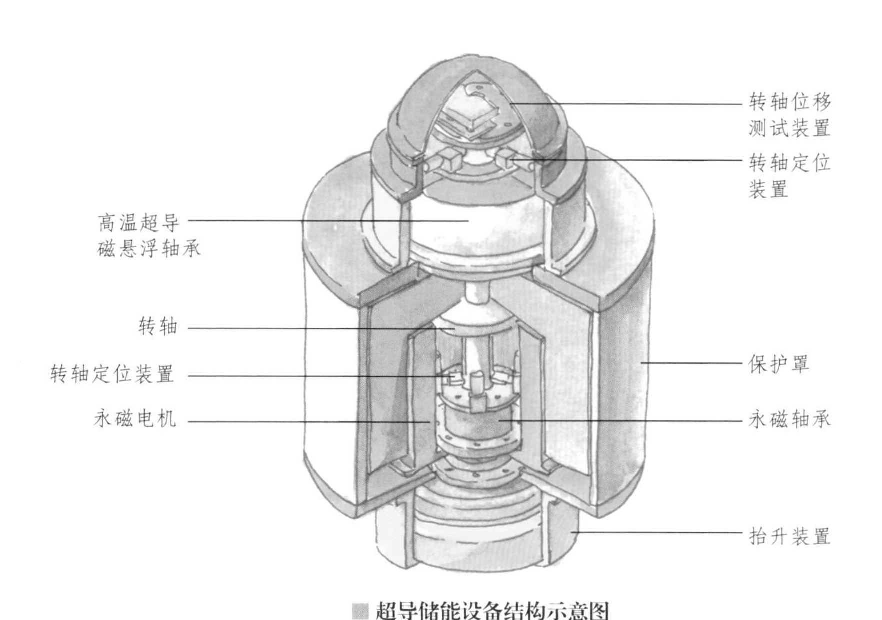

■ 超导储能设备结构示意图

液流电池

液流电池是利用正负极电解液分开，各自循环的一种高性能蓄电池。它具有容量高、使用领域广、循环使用寿命长的特点，是一种新型产品。在液流电池中，电荷储存在液体电解质里，这些电解液位于外部储罐中。携带电荷的电解质通过电极组件泵出，其中两个电极由一个离子导电膜隔开。这个装置将大量电解质储存在罐中，适用于电网储存大量电力。当前，全钒液流电池技术日趋成熟，已逐渐投入使用。

■ 使用液流电池的概念跑车

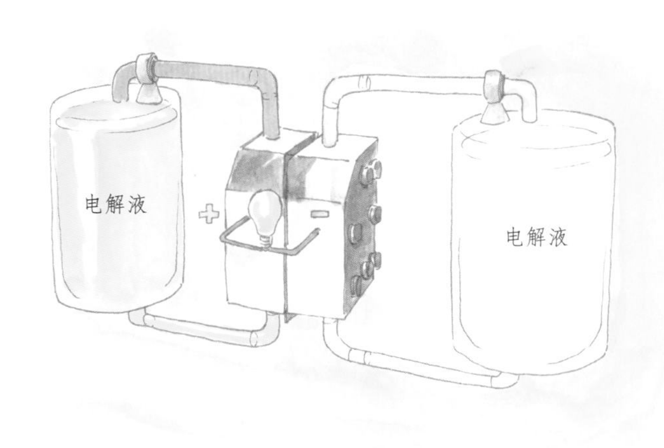

■ 液流电池示意图

能源之路

>> 大约100万年前 约2000多年前

能源，为人类文明的发展做出了巨大贡献。每一次能源技术的重大突破都引起一次生产力的飞跃。从某种意义上讲，人类社会的发展离不开优质能源的出现和先进能源技术的使用。

能源，凝聚了无数科学家、发明家的心血。正是他们的努力钻研，使得众多学科、跨领域的技术得以发展。纵观人类发现和利用能源的历史，科学家、发明家的每一次发现都为人类获得更多能源带来惊喜，而能源新技术的发展历程，就是人类不断向自然界索取能源的历史。

能源，漫长的实践之路，是一部人类利用能源的历史，更是一部人类认识和征服自然的历史。

火的使用

火的使用让人类享受更丰富的食品，推动文明进步发展。

■ 火把

风能的利用

古波斯人利用垂直轴风车碾压谷物。

水能的利用

在古埃及、中国和古印度出现水车、水磨和水碓等设施。

1820年

电流产生磁效应

丹麦物理学家奥斯特发现电流产生磁效应。

■ 电生磁试验装置模型

1821年

电动机

英国物理学家法拉第发明第一台电动机。

1839年

光伏效应

法国科学家贝克雷尔首次发现“光生伏特效应”，简称光伏效应。

1842年

能量守恒定律

德国物理学家迈尔第一个发现并表述了能量守恒定律。

1845年

能量转换

英国物理学家焦耳发明热计量计。

■ 热计量计模型

18世纪60年代

1779年

光合作用

荷兰科学家英根豪斯证明植物通过阳光制造氧气。

煤炭

英国工业革命使能源结构从木炭转向了煤炭。

■ 植物

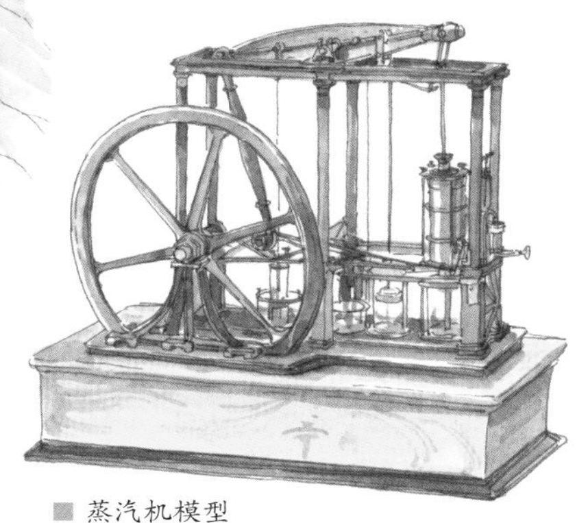

蒸汽机

英国发明家瓦特改进的蒸汽机投入使用。

■ 煤块

■ 蒸汽机模型

1800年

1785年

第一口油井

在俄国巴库开采了第一口现代意义上的油井。

■ 巴库油井

伏特电池

意大利物理学家伏特发明伏特电池。

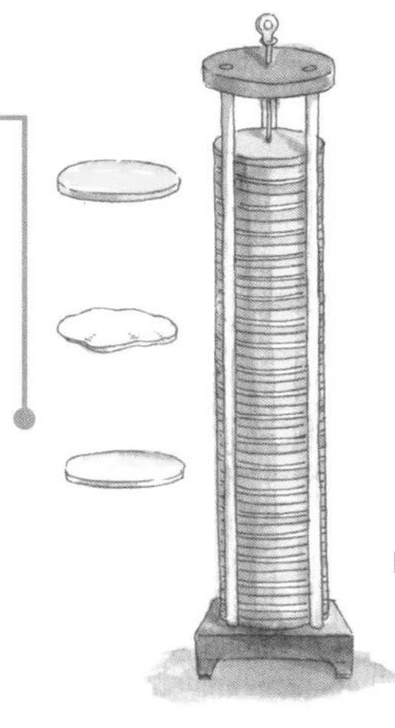

■ 电池模型

热力学温标

英国物理学家威廉·汤姆逊（开尔文勋爵原名）创立开尔文热力学温标。

发电机

德国发明家西门子提出发电机工作原理。

1846年

1848年

1866年

1875年　1877年　1878年　1882年

■ 火力发电站的设备

火力发电

法国巴黎北火车站附近建立了世界第一座火力发电站。

硒太阳能电池

英国科学家研制出第一片硒太阳能电池。

汽轮机

英国发明家帕森斯成功研制蒸汽涡轮机。

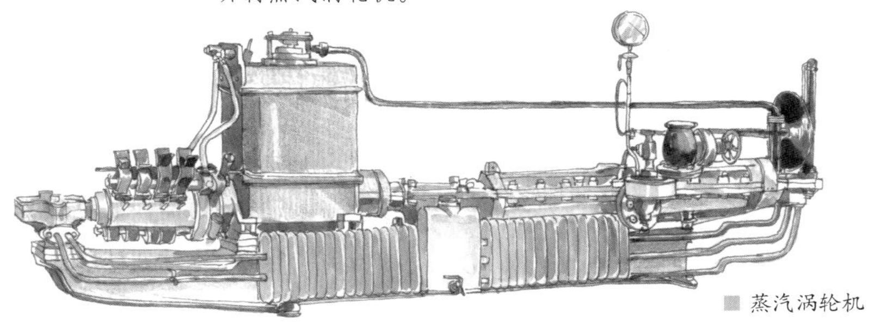

■ 蒸汽涡轮机

水力发电

世界第一座水电站在法国建成。

抽水蓄能

世界首座抽水蓄能电站在瑞士苏黎世诞生。

1942年

可控核反应堆

美籍意大利科学家费米的团队建成了世界上第一台可控核反应堆。

■ 费米

■ 第一台可控核反应堆

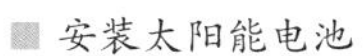

■ 安装太阳能电池

太阳能电池

贝尔实验室首次制成实用单晶硅太阳能电池。

核电站

苏联建成世界第一座核电站——奥布宁斯克核电站。

托卡马克装置

世界上首台托卡马克装置在苏联建成。

1954年

1891年

风力发电

世界第一座试验性风力发电站在丹麦建成。

1895年

大型水电站

美国尼亚加拉大瀑布亚当斯水电站建成。

1904年

地热发电

意大利在拉德瑞罗地热田建立了世界上第一座地热发电站。

1905年

质能转换方程

德国科学家爱因斯坦提出质能转换方程。

爱因斯坦

石龙坝水电站旧址

1912年

中国首座水电站

中国第一座水电站——石龙坝水电站正式发电。

20世纪20年代

乙醇汽油

巴西是世界上最早使用乙醇汽油的国家。

1930年

海水温差发电

克劳德在古巴建成世界第一座海水温差发电站。

托卡马克装置

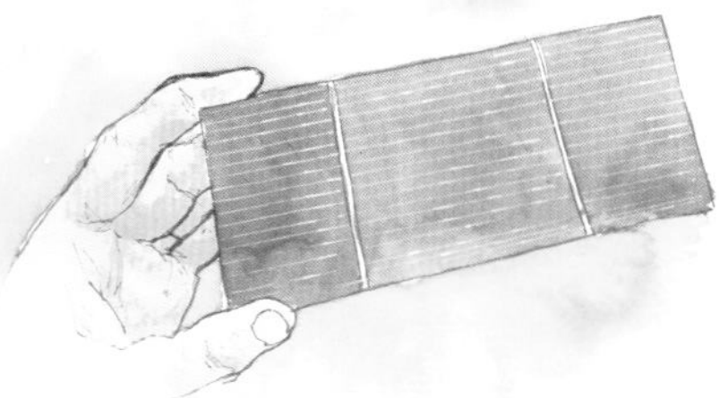

太阳能电池

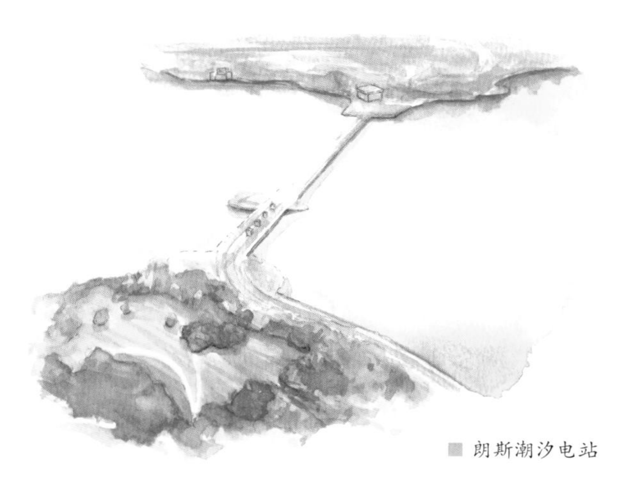

朗斯潮汐电站

1959年

中国太阳能电池

中国科学院研制出首片具有实用价值的太阳能电池。

1966年

潮汐发电

法国建成朗斯潮汐电站。

1969年

太阳能发电

法国奥德约太阳能发电站成为世界上第一个利用太阳能发电的太阳能电站。

1980年

中国潮汐发电

中国第一座双向潮汐电站——江厦潮汐电站建成发电。

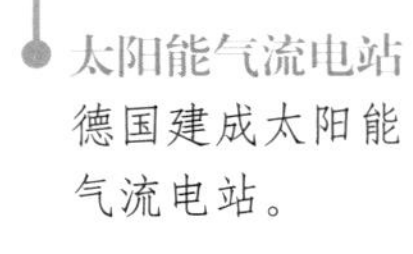

太阳能气流电站

德国建成太阳能气流电站。

■ 江厦潮汐电站

1985年

中国核电站

中国第一座自行设计建造的核电站——浙江秦山核电站一期工程正式开工。

2010年

氢能发电

世界上首座氢能源发电站在意大利正式建成投产。

■ 藻类

生物制油

美国埃克森美孚公司宣布在“转基因藻类生物制油技术”方面取得历史性突破。

2011年

中国页岩气井

中国第一口页岩气水平井——威201井在四川省威远完成试采。

■ 威201井

2012年

三峡水电站

三峡水电站投产，成为世界最大的水力发电站。

■ 三峡水电站

1989年

■ 生物质发电厂

生物质发电
丹麦建成世界上第一个以秸秆作原料的生物质发电厂。

■ 秦山核电站

1991年

千屋顶计划
德国光伏产业推广“千屋顶计划”。

■ 德国装有太阳能屋顶的村庄

1998年

页岩气革命
美国成功实现了第一次具有经济效益的页岩压裂。

2008年

■ 氢动力小型飞机

氢动力飞机
美国氢燃料电池动力飞机试飞成功。

2017年

中国可燃冰开采
中国首次海域可燃冰试采成功。

■ 蓝鲸一号

2019年

浮动核电站
俄罗斯建成世界首座浮动核电站——“罗蒙诺索夫院士”号。

燃油电站
中国承建全球最大的沙特阿拉伯燃油电站。

名词解释

C

超声波，P09

频率高于20000赫兹的声波，它的方向性好，穿透能力强，易于获得较集中的声能，在水中传播距离远，可用于测距、测速、清洗、焊接、碎石、杀菌消毒等。在医学、军事、工业、农业上有很多的应用。

磁场，P14

一种看不见摸不着的特殊物质，磁场不是由原子或分子组成的，但磁场是客观存在的。磁场具有波粒的辐射特性。

D

大数据，P32

是指无法在一定时间范围内用常规软件工具进行捕捉、管理和处理的数据集合，是需要新处理模式才能具有更强的决策力、洞察发现力和流程优化能力的海量、高增长率和多样化的信息资产。

当量，P26

是指与特定或约定俗成的数值相当的量；用作物质相互作用时的质量比值的称谓。

等离子体，P27，P28，P29

由部分电子被剥夺后的原子及原子团被电离后产生的正负离子组成的离子化气体状物质，尺度大于德拜长度的宏观电中性电离气体，其运动主要受电磁力支配，并表现出显著的集体行为。

电解槽，P38

由槽体、阳极和阴极组成，多数用隔膜将阳极室和阴极室隔开。按电解液的不同分为水溶液电解槽、熔融盐电解槽和非水溶液电解槽三类。

电解水，P38

通常是指含盐（如硫酸钠，食盐不可以，会生成氯气）的水经过电解之后所生成的产物。电解过后的水本身是中性，可以加入其他离子，或者可经过半透膜分离而生成两种性质的水。其中一种是碱性离子水，另一种是酸性离子水。

F

乏燃料，P25

又称辐照核燃料，是经受过辐射照射、使用过的核燃料，通常由核电站的核反应堆产生。

丰度，P20

指一种化学元素在某个自然体中的质量占这个自然体总质量的相对份额（如百分数）。

G

干酪根，P30

指沉积岩中不溶于碱、非氧化型酸和非极性有机溶剂的分散有机质。

工质，P46

实现热能和机械能相互转化的媒介物质称为工质，依靠它在热机中的状态变化（如膨胀）才能获得功，而做功通过工质才能传递热。

H

核磁共振，P25

是磁矩不为零的原子核在外磁场作用下自旋能级发生塞曼分裂时，共振吸收某一定频率的射频辐射的物理过程。

海沟，P34

是位于海洋中的两壁较陡、狭长的、水深大于5000米的沟槽，是海底最深的地方，最大水深可达到10000米以上。

化石燃料，P12

也叫矿石燃料，是由死去的有机物和植物在地下分解形成的，包括煤、石油、天然气等，是不可再生资源。

J

机械运动，P02，P03

是自然界中最简单、最基本的运动形态。在物理学里，一个物体相对于另一个物体的位置，或者一个物体的某些部分相对于其他部分的位置，随着时间而变化的过程叫作机械运动。

L

链式反应，P18

事件结果包含有事件发生条件的反应称为链式反应。

单事件链式反应如铀核裂变等，多事件链式反应如化学中的多催化反应、经济学中的金融危机等。一般地，链式反应指核物理中，核反应产物之一又引起同类核反应继续发生，并逐代延续进行下去的过程。

N

能源消费，P42

是指生产和生活所消耗的能源。能源消费按人平均的占有量是衡量一个国家经济发展和人民生活水平的重要标志。

逆变器，P41

是把直流电能（电池、蓄电瓶）转变成定频定压或调频调压交流电（一般为220千伏，50赫兹正弦波）的转换器。它由逆变桥、控制逻辑和滤波电路组成。

泥岩，P30

是指弱固结的黏土经过中等程度的后生作用（如挤压作用、脱水作用、重结晶作用和胶结作用）形成强固结的岩石。是已固结成岩的，但层理不明显，或呈块状，局部失去可塑性，遇水不立即膨胀的沉积型岩石。

Q

驱动桥，P41

位于传动系末端，能改变来自变速器的转速和转矩，并将它们传递给驱动轮的机构。一般由主减速器、差速器、车轮传动装置和驱动桥壳等组成，转向驱动桥还有等速万向节。

R

热转换器，P23

也称热交换器或热交换设备，是用来使热量从热流体传递到冷流体，以满足规定的工艺要求的装置，是对流传热及热传导的一种工业应用。

S

声呐，P09

是英文sonar的音译，全称为声音导航与测距。声呐是利用声波在水中的传播和反射来进行导航和测距的技术或设备。

石墨烯，P44

一种由碳原子组成的六角形呈蜂巢晶格二维碳纳米材料。

T

烃类，P34

烃类化合物是碳氢化合物的统称，是由碳与氢原子所构成的化合物，主要包含烷烃、环烷烃、烯烃、炔烃、芳香烃。烃类均不溶于水且衍生物众多。

同位素，P17，P20，P26

具有相同质子数、不同中子数的同一元素的不同核素互为同位素。

W

温室气体，P42，P43

指的是大气中能吸收地面反射的长波辐射，并重新发射辐射的一些气体，如水蒸气、二氧化碳、大部分制冷剂等。它们的作用是使地球表面变得更暖，类似于温室截留太阳辐射并加热温室内空气的作用。

Y

压裂，P33

在石油领域，压裂是指采油或采气过程中，利用水力作用，使油气层形成裂缝的方法。

叶绿体，P06

质体的一种，是高等植物和一些藻类所特有的能量转换器。其双层膜结构使其与胞质分开，内有片层膜，含叶绿素。

内容索引